NF文庫
ノンフィクション

日本陸軍の秘められた兵器

最前線の兵士が求める異色の兵器

高橋 昇

潮書房光人社

日本陸軍の秘められた兵器——目次

日本陸軍の秘められた兵器

――最前線の兵士が求める異色の兵器

ロタ砲

●対戦車戦闘用に試作された幻のロケット推進式兵器

ロケット応用の兵器

第二次大戦中、各国が開発して戦場に投入した歩兵用対戦車兵器の中で、もっとも効果的に活用されたのは米軍の対戦車火器「バズーカ砲」である。現代では一般的に「ロケット・ランチャー」と呼ばれている。バズーカは世界各国の肩射ちロケット弾発射筒の草分けとして、その始まりも色々な話が伝わっているが、日本陸軍もこの種のロケット対戦車兵器をいくつか開発していた。

陸軍の開発した肩射ちロケット兵器は「試製四式七センチ噴進砲」と呼ばれ、戦局が悪化していた戦場に投入する予定であったが、結局、実用・生産が間に合わず、米軍の戦車に対して火を噴くこともなく惜しくも終戦となってしまった。

その対戦車兵器のマニュアル〝「ロタ砲」教練の参考〟をもとに射撃および操作方法を解

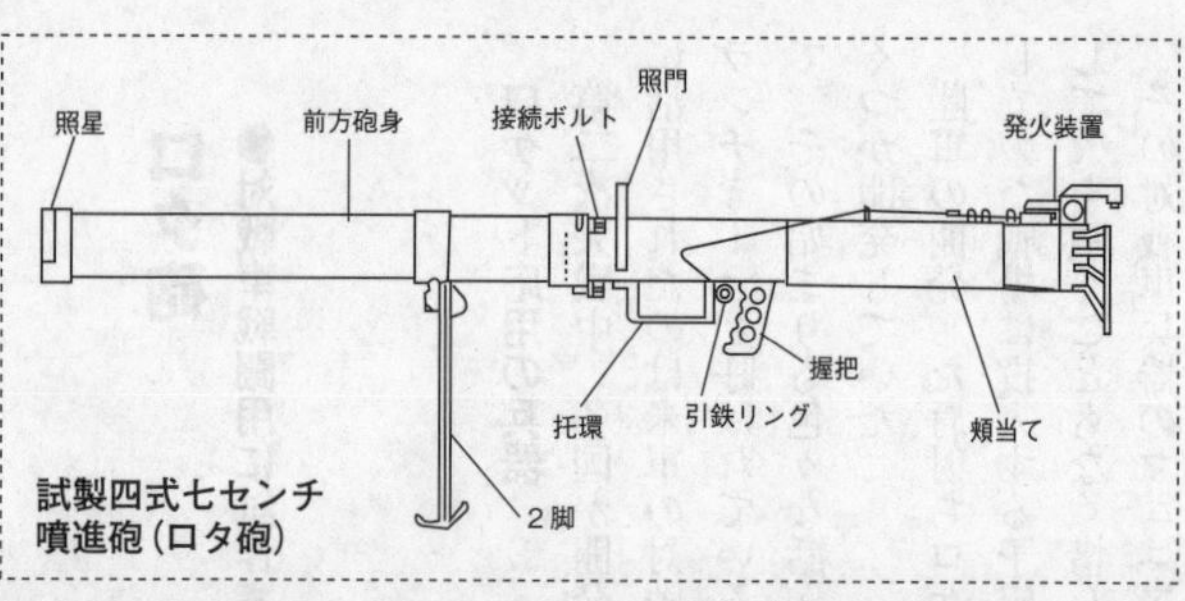

試製四式七センチ
噴進砲（ロタ砲）

説しよう。

日本がロケット研究に着手したのは昭和七（一九三二）年頃のことで、陸軍科学研究所で液体燃料および固体燃料ロケットやロケット用火薬の研究が行なわれていた。

当時この種のロケット研究は世界各国でも一つの流行のようなものだったこともあり、これを兵器として活用することなど考えられてもいなかった。しかし昭和十五年頃には、無溶剤火薬をロケット（噴進弾）として応用しようという考えが生まれ、軍部に注目されていた。

陸軍はこれを火砲弾として使用することも検討したが、その利害が大きく異なっていた。

すなわち火砲では弾の発射薬は射撃と同時に瞬間的に燃焼するのに対し、噴進弾では一〜三秒というほど徐々に燃焼する。火薬の燃焼室が弾について飛ぶという方がわかりやすい。

火砲では弾は砲口からでるまで砲身内にあるから大きな火薬ガス圧が砲身と弾底部に加わるが、噴進弾のガスはすぐ噴気孔から吐き出されるので燃焼室内の圧力は火砲に比べてはるかに低いものである。

陸軍は噴進砲を研究中にいくつかの利害を発見した。噴進砲の利点としては、第一に発射時の衝撃がなく、砲自体も構造は簡単で強度も要求されない。

携行運搬にも外力に対し抗堪できれば充分であり、火砲の場合は二〇センチ以上になると榴弾砲型となる。その砲架は一〇トン以上という大型化となり、発射準備にも時間を要するものが多い。

噴進砲の場合、砲も噴進弾の工作精度もあまりきびしく考えなくても良いが、最大の欠点は弾の燃焼不規性により、命中精度が火砲と比較してあまりよくなく、これはロケットを火砲の代用としようという考えに対しては致命的な打撃であった。

また噴進砲の第二の欠点は、火砲の発射装薬に比べて噴進薬の効率がきわめて悪いことである。迫撃砲では、射距離二〇〇〇〜四〇〇〇メートルを得るのに一握りの火薬で充分だが、噴進砲ではその数倍の噴進薬を必要とする。

昭和八年はじめ、陸軍で火薬ロケットが噴進砲として開発された。口径の大きさは直径七センチ、九センチ、一五センチ、二〇センチ、二四センチ、三〇センチ、四〇センチの七種類が一応噴進砲として実用化の目標にあげられたが、作戦目的と整備上から、大型の二〇センチ、四〇センチが選ばれ、さらに米軍のバズーカ砲に似た七センチ噴進砲を対戦車兵器として採用することになった。

砲射手の連携が大事

陸軍第一技術研究所で研究・試作されたバズーカ形式の試製四式七センチ噴進砲は、別名「ロタ砲」と呼ばれているが、これはロケット対戦車砲、またはロケット・タ弾砲の頭文字をとっているからである。

構造は一本の鋼管に照準器をつけ、発射用点火器を備えつけた簡単な形式で、筒は二つに分離、組み立てすることができる。これの射撃は肩にのせて照準発射が可能であり、脚は伏射時に便利なことから九九式軽機関銃の二脚を利用して前方砲身の中間に設置した。

噴進砲の構造は二脚、照星付の前方砲身と照門、発火装置付きの後方砲身からなり、砲身下に握把と托環がつき、発射は発火装置からのびた鋼線先の引金リンクを引くと撃発機が作動して発火発射する方法である。

口径は七四ミリ、筒の肉厚二ミリで全備重量約八キログラム、その内前方砲身は約三・九キログラム、後方砲身は約四・一キログラムである。中間の筒を接続する部分にはボルトとナットがあり、これでつなぎ合わせて固定する。

弾は全体的に非常に肉薄にできていて、炸薬部は火砲の榴弾と大差はないが、噴進機関部には弾底に六個の噴進孔がつく。発射されると七本の円筒状推進薬が燃焼して、約三〇度の角度でガスを吹き出し、弾丸を施動させながら目標に向かって推進して行く。

弾頭部には四式着発信管がとりつけられ、着弾と同時に爆発をおこすようになっている。ロケット対戦車噴進砲の操作方法はどのようなものか、「ロタ砲」教練の参考をもとに説明してみよう。

第一、ロタ砲の任務は敵戦車を撃滅するにある。ロタ砲の指揮官以下は至誠尽忠の大義に徹し沈着剛胆、決死刺違いの射撃を敢行し最後の一兵となるもあくまで奮闘し敵戦車を撃滅せざるべからず。

第二、ロタ砲任務達成の要訣は厳に我が位置を秘匿、掩護し幾尺の距離において好機に投じ不意に射撃を行ない、初弾をもって敵戦車を撃滅するにある。

事前準備の周到

1、砲および弾薬の点検、整備の周到のこと。

2、砲位置の選定および設備の適切のこと。

機敏正確な射撃

1、敵戦車の種類と進行方向に応ずる射撃位置の選定、戦車の速度進行方向に応ずる照準点の選定を適切にすること。

2、敏活な位置の移動により、我損害を減少させ、敵の不意に乗じて射撃すること。

3、砲手の協同緊密なこと。

ロタ砲の分隊は、分隊長と四個ロタ砲および伝令からなり、砲にはそれぞれ弾薬手が各一

ロタ砲の弾の装塡と
上面より見た射撃姿勢

名ずつつく。そのためには、分隊人員は分隊長をふくめ一〇名で構成される。

砲の携行は前方砲身と後方砲身を分解し、脚および撃鉄槓桿を折りたたみ、砲手一名で背負具で結着携行する。

射手は小銃の膝射の応用姿勢を取り、右肩の負紐を脱し砲を左脇下より左股上にのせ、締紐を解き弾薬手と協同し前方砲身と後方砲身とを結合させ、射手は撃鉄槓桿を起こし、撃鉄軸を左に移して止ねじを緊定し、撃鉄を撃発準備の体勢を取る。そして背負具を背負い砲身の結合、撃発機能と砲腔を点検する。

弾薬手は弾薬を弾嚢より取り出し防湿蓋を脱し、爆管を設置した後各部の結合を点検する。
砲手と弾薬手との間隔は砲を中央に置き、両側に位置する。

砲手は砲をすえた左側に両手をつき、砲身軸に対し約三〇度の角度をもって伏せ、弾薬手

（上）ロタ砲の左側からの射撃姿勢。防塵眼鏡着用
（下）同、左側から見た射撃姿勢

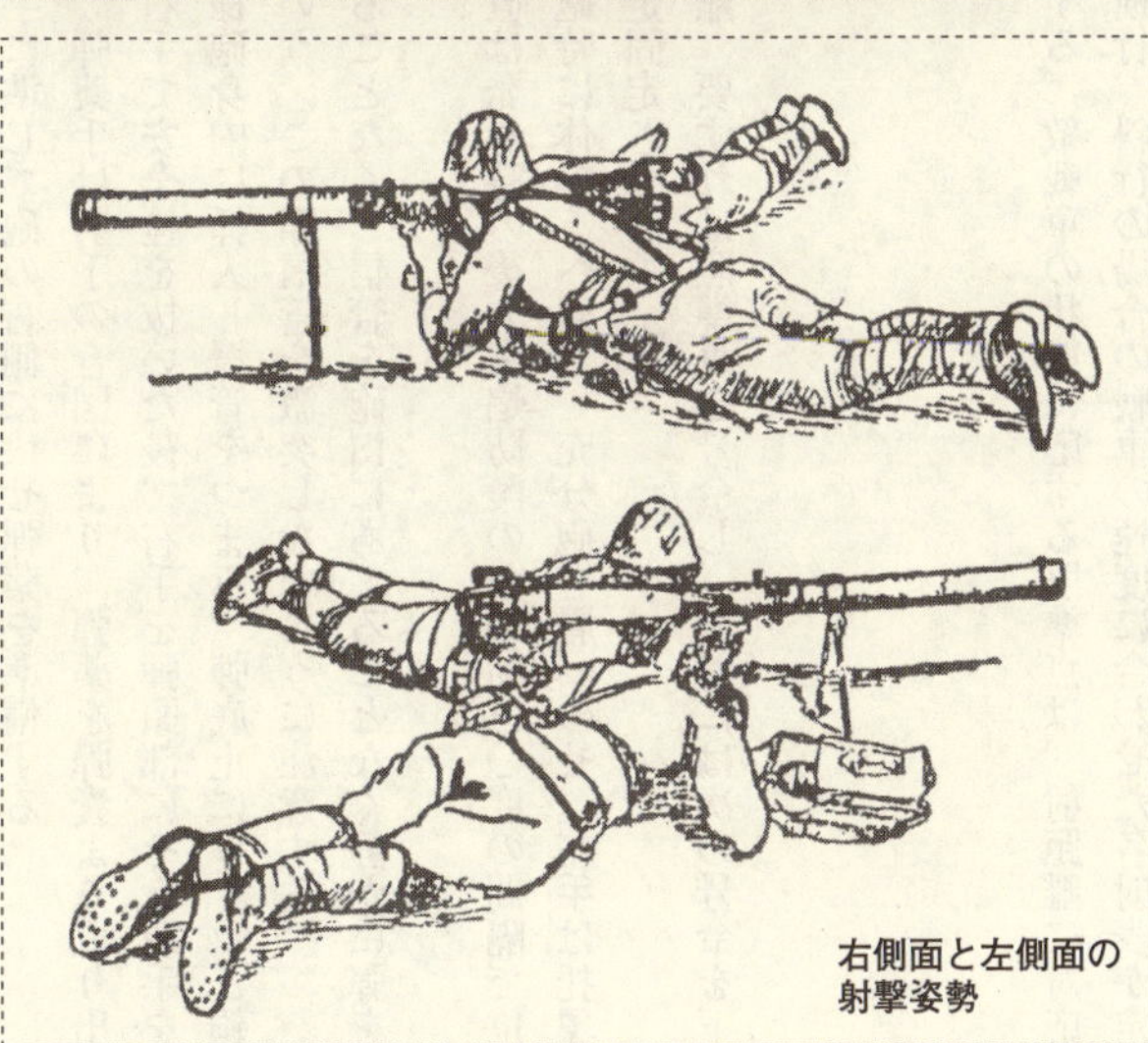

右側面と左側面の
射撃姿勢

は砲の右側に位置して両手をつき、射手に準じて砲の右側に伏せ弾薬を準備する。

射手は据砲し「弾込め」の合図をし、弾薬手は射手の合図により、弾薬を弾嚢より取り出し左手で弾薬の重心部を下方より握り右手で安全栓を抜いた後、右手を弾頭部にそえ左手を弾底に移し、弾軸を砲身軸に一致する様砲身内に挿入し爆管をつまみ、弾底止にカチッと鉤ける。弾の装塡が終われば「よし」という。この際信管を激突しないように注意する。

弾薬手は装塡時に頭を弾底後方にすることなく、信管を砲口にあてることなく静かに弾を挿入する。

また射手、弾薬手とも体と砲身の位置は発身時の後方火焰防護のため約三〇度の間隔で位置する。射撃姿勢は、射手は背当を据砲時に体の下へ回し、充分砲を肩へのせ、左手は托環を握って下方に圧下するように砲を安定固定させる。

砲の射撃は、あらかじめ目標、射距離、要すれば照準点を号令し、発射には次の号令を下す。

先頭の戦車、
三〇、
撃てッ。

射手はみずから照準点を選定し発射する。敵戦車の状態に応ずる照準点は、射距離に対応可能な戦車の方向移動で、正面または横行、斜行の場合の戦車の速度に合わせた各射表が定められている。

砲の照準は前方砲身横につく照星（上段五〇メートル、下段一〇〇メートル）と後方砲身前についた固定式孔照門で行なう。

目標に対し照準を行なうには左眼を閉じ、砲を左右に傾けることなく照準線を正しく照準点に向け、照準は通常五〇メートルの照星をもちい照星頂をつねに照門の中央にあるようにする。この場合、照星と照門は同色のため照星をとらえるのに特に注意が必要である。

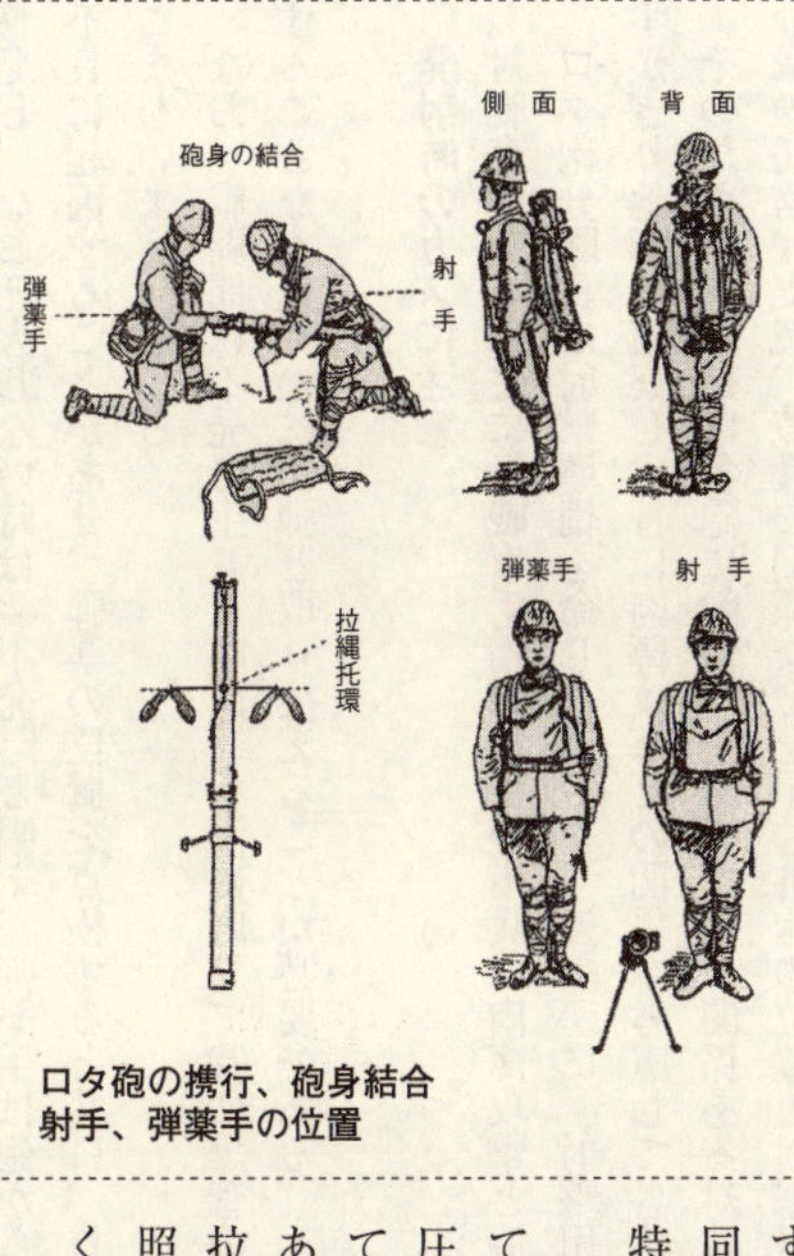

ロタ砲の携行、砲身結合
射手、弾薬手の位置

弾を発射するには左手をもってU型の托環を握り下方に強く圧して砲を固定し、右手をもって握把を握り、食指の第二管節あるいは第一管節を引環に鉤け、拉縄を緊張させて呼吸を止めて照準し、好機をいっするこたなく力を加えていっきょに引く。

万一不発の時は、射手は数回

撃発し、なお発火しない時は「不発」と唱え、弾薬手は砲から弾薬を抽出する。この際装塡不良に起因することがあり、弾薬の位置を点検すると共に、点検のため絶対に砲尾をのぞきこまないよう注意する。

なお、戦闘間に不発を生じた時は、状況に応じて特に爆管の質などによっては撃発を多くすることなく速やかに次弾と取り換えることが必要である。

発射時のガスに注意

対戦車砲分隊は主に対戦車手榴弾を持つ歩兵の肉薄攻撃と協同して陣地選定を行なう。ロタ砲分隊長は射撃準備を命じられるや、速やかに「射撃用意」を命じ、また状況のゆるすかぎり地形を偵察し、特に肉薄攻撃との関係を考慮して各砲を陣地に配置する。

そのため、分隊長は各砲に敵情、小隊の態勢、関係ある対戦車火力および肉薄攻撃の配分、分隊の任務、支援、掩護の関係などを示し各砲の位置と射撃区域、射程上の限界、塹壕工事の程度など、所要の事項を命じて各砲ごとに綿密に指導する。

一、砲を秘匿し不意に射撃し得ること。

二、側射に対応、適すること。

三、砲自体の遮蔽、掩護良好なこと。

四、小銃分隊の肉攻と関係良好なこと。

五、砲両脚の位置は高低なく、砲口前に砂塵飛揚ないこと。
などであり、特に隣接の内薄攻撃手に危害をおよぼさないことが肝要であった。

ロタ砲の掩体壕は立射用と寝射用とがあり、立射用は工事を必要とするが、寝射用はそう大きな工事は必要なく、脚をもちいる場合と、砲自体を托する場合とがあり、立射用の壕は偽装隠蔽をほどこし、敵戦車を待ち伏せするのに適し、寝射ち用は状況に応じて陣地の変換を行ない、工事も簡単で戦車を狙い撃ちすることに適している。

ロタ砲分隊を配属する小隊長の用法は、
一、ロタ砲を部署する方は、小隊長は良く地形を偵察して特に肉攻および対戦車射撃との関係を考え、ロタ砲の火力配置を定める。
二、ロタ砲の火力は通常肉攻と重ね合せ、また状況に応じて分離して使用する。
三、砲の配置ではつとめて側射に適する様に一門ごとに配置するのを通常とするも、これも状況により同方向に二門以上併用し、同一目標に対し射撃することがある。
四、ロタ砲の射撃区域内に戦車が進入すれば、射手はこれを狙い好機に応じて適宜、射撃を行なう。この際特に砲手、弾薬手相互の協同を緊密にし、神速機敏に初弾をもって敵戦車を撃滅すると共に、射撃後適宜、小移動を行ない絶えず敵の意表に出る着意が必要である。
五、射撃目標は射撃区域内に出現する戦車中、特に有利な標的となるものを選び、示され

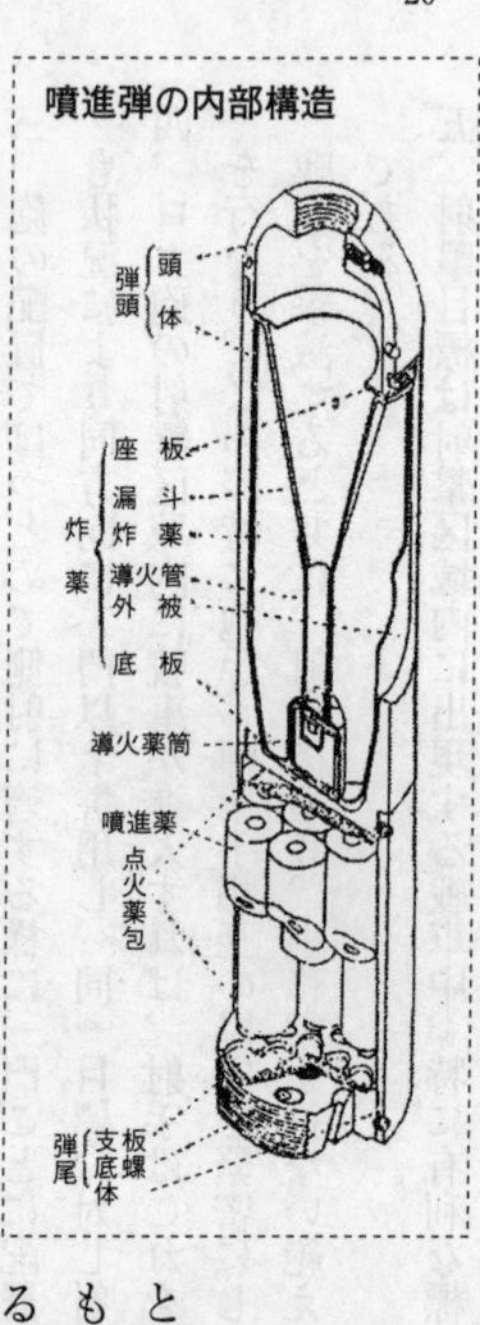

噴進弾の内部構造

た目標を射撃する。この際先頭戦車を速やかに撲滅することが緊要なり。

有利なものとは、砲と敵戦車との距離が近く、命中確実なるもの、射撃は戦車の運動遅滞する時機、あるいは我が肉薄攻撃および火力によって敵戦車混乱する時機に乗じれば有利である。

ロケット弾は鋼製で、全備重量約四キログラム、燃焼完了時における存速は約一〇〇メートル／秒、燃焼秒時約〇・四秒、燃焼完了点までの直距離約二二メートル、鋼板に対する貫通威力は直角六〇～九〇度の場合八〇ミリ。

構造は円筒型で弾頭部、炸薬部、噴進部、弾尾からなり、弾頭はやや円錐型で中空に作られ、炸薬部は弾頭から続く中空漏斗状になり、まわりに炸薬がつめられて導火管、伝火薬筒がついている。

弾の三分の一の部分は噴進薬が収められ、それに点火薬包がつけられている。後部にはネジ止めされた弾尾がありこれを通していくつかの噴進孔があいている。信管は四式瞬発信管で、弾頭につけ止めネジで固定する。点火具は四式小爆管か四式点火管を使用し頭底中心にネジ止めされている。

発射は点火具より噴進薬に点火し、弾は噴進薬の燃焼によって前進、ガスは弾尾の噴気孔より後方へ噴出する。噴気孔は斜めにあけているため、弾は右方向に回転しつつ前進速度を増加させ、噴進薬燃焼後は通常の砲弾と同じような弾道を通る。

弾は目標に命中すると信管瞬発し、火焰の作用で伝火薬筒に点火、炸薬は起爆し高速ガスの流れとなって漏斗の中心から前に進み戦車の装甲に対して穿甲破壊威力となり戦車を葬ることができる。

ロタ砲発射は火焔と土砂を後方に吹き上げるため、砲の後方約三メートルは危険だが、射手も発射時の防炎と吹きもどしガス防止のため、目のあいた防炎布と防塵眼鏡の装着することにさせていた。

長射程列車砲

●大陸や沿岸防備にも使用できる高性能レール・ガン

軌道上の大口径砲

列車砲とは特別な構造の鉄道車両上に火砲を装載し、鉄動上を運行できるようにしたものである。おもに海岸や要塞の周辺、または国境付近に配備されていた。平時から敷設してある軌道（レール）または臨時に敷設された軌道上で、火砲の位置を適宜に変更しながら射撃できる移動可能な兵器である。

列車砲が初めて戦場に投入されて威力を発揮したのは、ヨーロッパで勃発した第一次大戦のことである。

当初の陣地戦から要塞戦に移行するにしたがって、戦争初期に登場した中小口径の火砲では間にあわなくなり、さらに大きな射程と強大な破壊力を有する大口径火砲が必要となった。

しかし、戦争中でもあり、大口径火砲をそう簡単に製造できるものではなく、軍艦の備砲や不用地点にある海岸要塞砲を撤去して、これらを流用することにした。これがエスカレートして、長大な射程をもつ列車砲として各国でしだいに製造されるようになったのである。

　わが国でも、各国と同じように第一次大戦に登場した列車砲に注目し、海岸防備や将来大陸での戦争に役立てようと考えた。しかし、まだ確定した発想までにはおよんでいなかったのである。

　大正七（一九一八）年、ロシア革命が成功し世界に衝撃を与えたが、これに干渉するためアメリカやイギリスが出兵をした。日本もシベリアへ出兵を行なうことになり、ウラジオストクから軍隊を送りこんで革命軍と戦うことになった。

　シベリア各地での戦闘はおもに鉄道路を中心とした戦いが多く、日本軍は革命軍から多くの軍用列車や装甲列車を捕獲した。その中で旧ロシア軍にあって革命軍が捕獲して使用していた大口径の榴弾砲や加農砲をのせた装甲列車を手に入れることができた。

　これをもって革命軍の陣地砲撃をおこない鉄道車両にのせた大口径火砲の威力をまざまざと体験したのである。

　第一次大戦時の列車砲の活躍やシベリア出兵での鉄道戦で大いに刺激された陸軍は、大正九（一九二〇）年になって特殊重砲兵の装備として列車砲の研究をおこなうよう示唆していた。従来の海岸要塞用に整備していた二七センチ加農砲を鉄道移動砲架に改良して搭載しようと考えた。

ちょうどそのころ、フランスのシュナイダー社が発行した兵器カタログに新式の列車砲が発表された。陸軍兵器局長から陸軍技術本部に対しこれへの問い合わせがあり、技術本部で検討した結果、この列車砲を一門購入して審査することに決定した。

購入にあたり、列車砲をわが国の鉄道上で運行するのに支障がないかどうか、その寸法や重量、そして価格などを調査する必要があった。これらの調査は、在フランス大使館付武官を通じて行なわれ、シュナイダー社との交渉も開始された。

これに対してシュナイダー社は好意を示し、フランス大使館を通じて設計図と見積書が日本に送られてきた。この図面と主要データをもとに陸軍技術本部は火砲の検討を重ね、鉄道省にわが国の鉄道線路における列車砲の運行可否を照会した。

大正十四（一九二五）年に鉄道省から「主要線路上の運行は可能」という回答がよせられた。列車砲の購入予算は、関東大震災で被害をうけた東京湾防衛用の火砲補修経費をあてることとした。

こうしてシュナイダー社との交渉の結果、同社の二四センチ列車砲一門を購入することが正式決定されたのである。

国内で開発された動力車

日本からの発注を受けてシュナイダー社は昭和三（一九二八）年に列車砲を完成させた。

れた。そして運行上の検査を終わった後、フランスのガーブル射撃場で火砲の射撃テストが行なわれた。

第一弾が五万二八〇〇メートル、第二弾が五万二四〇〇メートルとその要求性能を充分に満たしたため、翌昭和四年一月、日本へ向けて送付された。横浜に到着した列車砲は梱包されたまま、兵器試験場も兼ねていた千葉県の富津射場へと送られた。

ここで陸軍技術本部の技師とシュナイダー社のエンジニアの手で組み立てられた。ただし本格的な鉄道砲架の組み立ては大宮の鉄道工場で行なわれたという説もある。ちなみに、この列車砲の到着はトピック・ニュースであったとみえ、当時は大々的に報道されている。

いっぽう、列車砲の移動に必要な動力車は、シュナイダー社製の動力車を参考に、わが国で製作するという意見が通った。芝浦製作所が開発にあたり、この動力車も列車砲とともに富津射場へ運ばれて陸軍に納入された。

わが国がシュナイダー社から買い求めた列車砲は、わずか一門だけであったが、陸軍技術本部はこの砲の仮制式を上申した。

昭和六年に陸軍省で制式制定に関する会議が開かれ、その結果、原案で示されていた「要塞兵器」を「列車加農砲として適当なるを認む」と訂正した上で可決され「九〇式二四センチ列車砲」として仮制式制定されたのである。

陸軍が驚嘆した命中精度

九〇式二四センチ列車加農砲の説明書には次のように書かれている。
「本砲ハ附属車輛ト共ニ列車編成ヲ為シ鉄道軌道上ヲ機関車ニ依リ牽引セラレ随所ニ移動シ豫メ準備セル砲床ニオイテ放列ヲ布置シ直ニ射撃シ得ル鉄道砲ニシテ砲身、揺架、砲架、架匡、台車及ビソノ附随品ヨリナル」

制式化された九〇式列車加農砲は、当初要塞砲として東京湾防備のため富津に配置された。昭和七（一九三二）年に実用試験を行なうことになり、射程五万メートルを有する火砲として海上射撃を行なうことになった。

目標弾着地点は大島と房総半島の館山の突端、洲崎との中間海上に設置して観測と測定が実施された。

そのもようは『砲兵沿革史』に次のようにしるされている。

「相模湾の広い海上において、弾着の一点を見落すことなく捕捉し得るか非常に心配だった。予想弾着点に対する各監的の覘視分画を定めてこれを中心とし、さらに補助眼鏡にはその左右一〇〇分画の区域を割り当てて待機したが、さすがシュナイダー製火砲はあっぱれであった。

射程五万メートルを一〇〇メートル程度の誤差でピタリと主眼鏡に捕捉できた。その計画値と実射値が、またピタリと一致したことに驚嘆した次第であった」

九〇式二四センチ列車加農砲

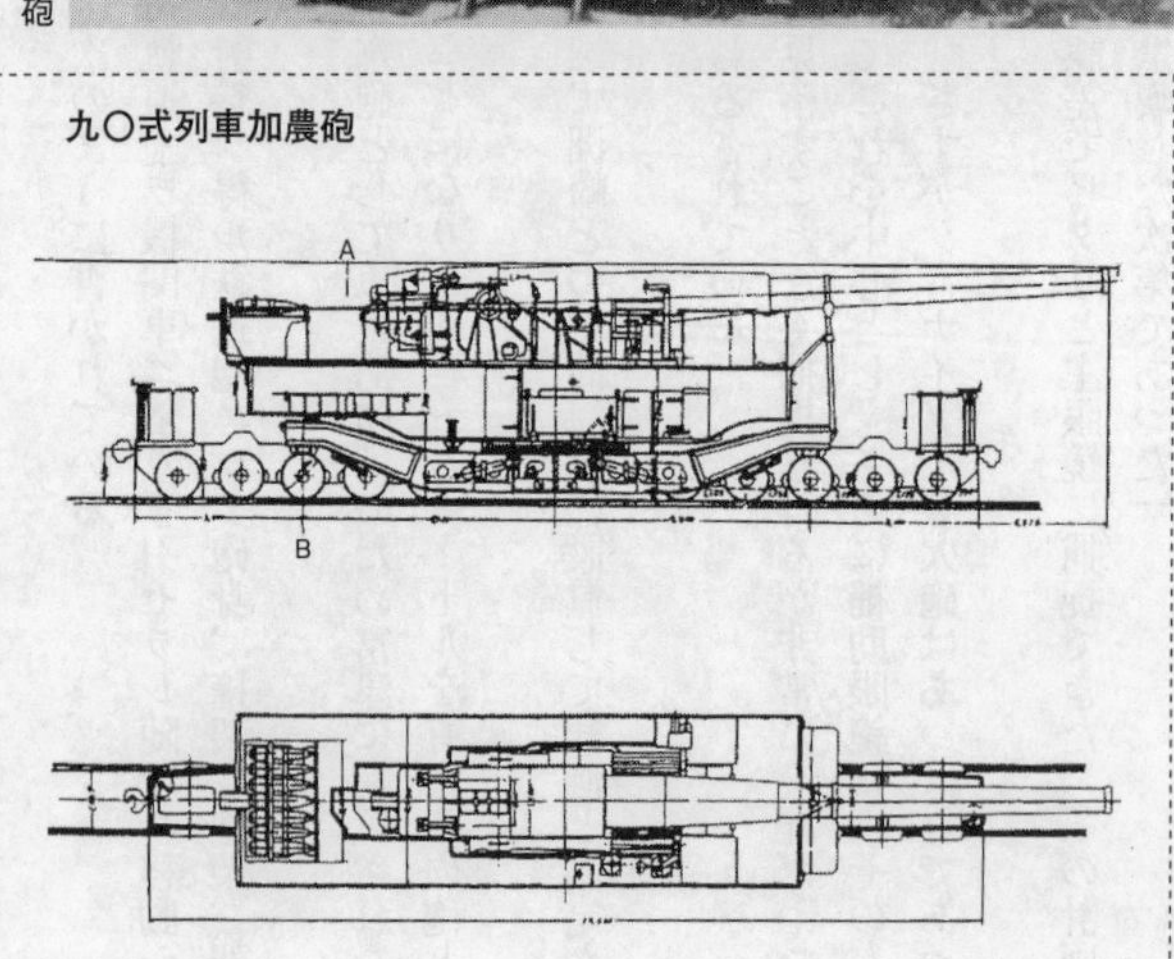

九〇式二四センチ列車加農砲射撃姿勢

九〇式列車加農砲の射撃姿勢
(レールに対し直角姿勢をとった状態)

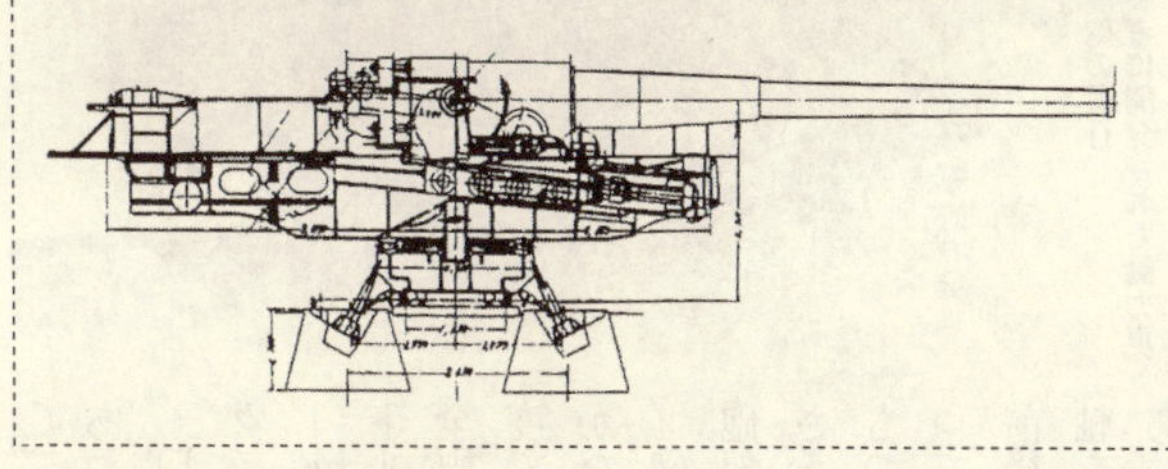

シュナイダー制火砲の性能の良さをみごとに現わした一文である。

さて、ここで九〇式二四センチ列車加農砲の概要をみてみよう。

シュナイダー製（斬式）五一口径二四センチ列車砲は、海岸防備の列車射撃砲として製作された。火砲の威力性能や発射速度、操作方法など、わが国の条件に合わせて開発されたものである。

外国製火砲のためとくに重視したのは、運行上日本の鉄道規準に合わせることで、その高さは軌条最大四メートル

(上)九〇式二四センチ列車加農砲の運行
(下)シュナイダー社の車輌を参考に開発された動力車

〇二〇、幅は二メートル九三〇であった。

口径は二四センチで一六五キログラムの砲弾を、毎秒一〇八〇メートルの初速で五二・六キロメートルまで飛ばすことができ、また全周射界が可能で最大仰角は五〇度であった。射撃時の砲身後退はかなりおさえられていた。

砲身は駐退機や復座機とともに砲架により架匡上に設置された。さらにその架匡は各五軸の車輪をもつ台車とそれをつなぐ架梁によって支えられている。また、砲は前後の台車を連結する砲架中央の軸を中心にして全周回転が可能であった。砲梁はジャッキのように高さや踏張りを調整する支柱によって安定されていた。

列車砲の射撃時には、線路の両側にこの支柱を砲架から張り出していた。その下にコンクリートベトンを置き、支台でこれを支えて射撃時の衝撃に充分耐えることができるようにしていた。

九〇式列車加農砲の運行は通常機関車で行ない、火砲を運行姿勢に移し、砲架前進後退および旋回止桿を装着した。運行間の衝撃などにより各部分がゆるまないように固定する必要があった。

また機関車による牽引の場合は、空気ブレーキを使用することが鉄道規定で定められており、列車砲の移動もそれによって運行された。列車砲を短区間や陣地変換として移動する場合には、動力車を結合して牽引移動を行なうことも可能で、富津などでは動力車移動を行なっていた。

ここで九〇式列車加農砲のおもなデータを掲げよう。

砲　身　　口径二四〇ミリ
　　　　　全長一二・八二三メートル
　　　　　重量三五トン
閉鎖機　　螺式
後座長　　二重後座、砲身一七五ミリ

高低射界　小架一四〇〇ミリ
方向射界　〇〜五〇度
放列砲車重量　三六〇度
砲口初速　一三六トン
最大射程　一〇五〇メートル／S
弾　種　五〇一二〇メートル
　　　　破甲榴弾、榴弾

大陸仕様に改修される

昭和十二（一九三七）年七月、中国の北京南郊外で日本軍と中国軍が衝突し、日華事変が勃発した。

この事変直後、陸軍は「機密第九二号研究方針」という計画を進めることに決定した。この計画は、九〇式列車加農砲を関東軍の支援用として大陸へ移動させ、その長大な射程と火力の使用が意図されていた。

元来、日本陸軍が列車砲の採用に踏みきった理由は、日本本土の沿岸防衛を考え、東京湾に入る外国艦船にそなえることが目的であった。日華事変の勃発により、同砲を大陸へ移動して、鉄道上を移動する陸上火砲として使用可能かどうかが研究された。

（上）広軌台車。（下）取り扱い作業中の広軌台車

しかしこの列車砲は、本来わが国の鉄道に合わせて、狭軌用として改造製作したものであった。したがって中国へ移動して運用するには大陸の鉄道規格、すなわち広軌レールに合わず、新たに台車を開発する必要にせまられたのである。

このため、狭軌用五軸台車二台であった構造を、同一形状で四軸台車二台に改修し、満鉄鉄道規定に合う軸間一四三五ミリの広軌レールに合わせた広軌用輪軸を製作するこ

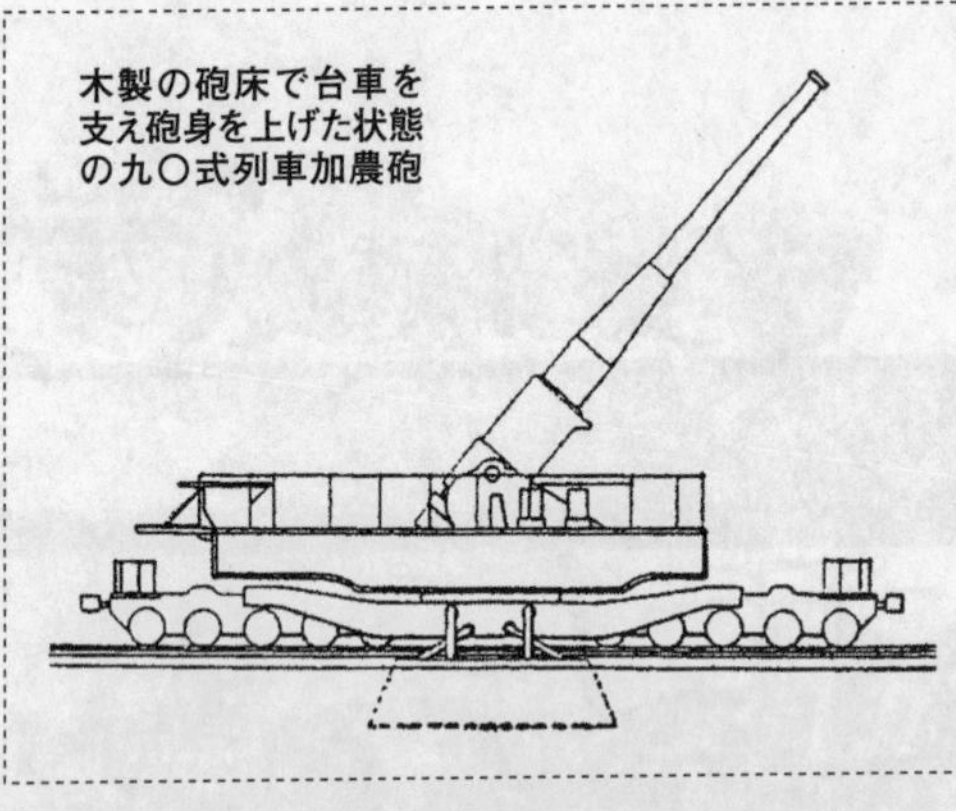
木製の砲床で台車を支え砲身を上げた状態の九〇式列車加農砲

とになった。

さらに列車加農の床板を「ベトン」砲架に固定し、そのうえに木材砲床を組み立てて固定式火砲としても使用できるように計画された。この木材砲床の設置には、レールを中心に幅約七メートル、長さ約五・五メートル、深さ約一・三メートルの砲床壕を掘り、その壕内に井桁に組んだ砲床を埋設することにした。

これによって木材砲床を分解して、本来の移動列車砲としても利用できるようになった。また、予想作戦の推移により、状況に応じて遠射能力のある固定式火砲としても使用できた。

昭和十三年に広軌台車が完成し、千葉の鉄道連隊の協力のもと富津射場でレール上の運行テストが実施された。

その結果、満鉄第二種線（四〇キログラムレール）内を最高速度四〇キロメートルで、さらに満鉄第一種線（三二キログラムレール）内でも速度を制限すれば、それぞれ安全に運行可能なことが確認された。

また試製した木材砲床の機能抗堪性はおおむね良好と判断された。

列車砲に付属する動力車および弾薬車の製造は、東京瓦斯電気工業に発注され、陸軍技術本部の指導をうけて製作が行なわれた。この動力車は、列車砲操作のための送電を主目的とし、その自力運行と砲車の牽引を副目的として設計された。

しかし試験の結果、操作用の送電は充分だが、砲車輌牽引のためには原動機の出力が不足していることがわかった。そのため、運行用電動機の歯輪比を大きくすることによって所要の牽引力を得るようにした。

この動力車の車体は、鉄道省のきめた十五トン有蓋車をもとに積載量を考慮し、車体を補強して製作された。

積載機器は軽油発動機、燃料タンク、三〇キロワット発動機、空気圧縮機およびコードなどで車内には伝声管、通信機も装備されていた。

動力車と弾薬車は、広軌車輌として製作された。

広軌と狭軌共両方に兼用可能に作られ、積載機器は芝浦製作所で製作された。

昭和十三年五月、九〇式列車加農砲の砲身および揺架を取りはずして内管交換実施のために大阪陸軍造兵廠に送付された。砲架以下の分解を実施して本砲の見取図の作成と新規の国産列車加農砲を開発する計画案が立てられた。

これが「一式二四センチ列車加農砲」で、昭和十六年一月に設計方針がしめされ、後に三門の製造が行なわれることになった。

図面の設計は大阪造兵廠が実施し、附属車輌を含めて製造は日立製作所に発注された。砲身、閉鎖機、揺架は呉海軍工廠に委託製造したものを大阪造兵廠から日立に供給することになっていた。

しかし、戦局の悪化にともなって資材の供給がままならず、結局新列車砲は完成することなく終戦となった。

対ソ戦で力を発揮できず

九〇式列車加農砲は昭和十五年初め、軍令によりソ連国境をのぞむ、満州の虎頭要塞の第四国境守備隊に配備されることになった。

四一センチ榴弾砲と共に海路、大連港に陸揚げされた後、ハルピンの鉄道第三連隊で組み立てられた。夜間運行により極秘裡に佳綏線から虎林線を通って虎頭の後方に位置する水克陣地に到着した。

列車砲の主任務はソ連軍の補給線路や鉄橋の破壊と後方攪乱とされた。虎林線の線路上の完達駅には列車砲の射撃陣地が設置され、水克の引込線は洞窟陣地に通じていた。

この虎頭要塞守備隊は昭和二十年七月、第十五国境守備隊となり、列車砲隊も水克列車砲隊となっていた。

昭和二十年八月九日、一方的な対日宣戦によってソ連軍が侵攻をはじめた。巨大な榴弾砲をもつ虎頭要塞も、近距離からの迫撃砲攻撃に対しては、威力を充分に発揮できなかった。また運悪く、内山中隊長は砲兵隊本部に出張中であったため、部隊の指揮は若井少尉がとってソ連軍と応戦した。だが、急速なソ連軍の猛攻に、頼みの四一センチ榴弾砲や列車加農砲も火を吹くことはなかった。

また、不幸にも九〇式列車加農砲は通化地域に移動させる予定であったため、戦闘は不可能な状態であった。要塞陣地はソ連軍の攻撃によって中隊長や指揮を取った若井少尉も戦死をとげ、陣地はソ連軍に制圧され、生き残った兵士は数名であったという。

九〇式列車加農砲はその後、ソ連軍に捕獲されて本国に運びこまれたと聞くが、消息は一切不明である。

特殊臼砲

●マレー半島を震わせた、ソ連陣地攻略用の三〇〇キロ弾

ブキテマ戦の㊙兵器

昭和十六（一九四一）年十二月、太平洋戦争に突入した日本軍はタイ領シンゴラに上陸し、怒濤のごとくマレー半島へと攻め下り、英連邦軍が阻止する延々一五〇〇キロを五五日間で掃討して通過した。

翌十七年一月下旬、日本軍はジョホール水道の線に達し、ジョホールバールを中心にシンガポール島を包囲し、重砲の主力はジョホールに展開した。

二月九日、作戦予定どおり攻撃前進に移り、各兵団はいっせいに水道を渡河して対岸に上陸した。そして我が砲兵の掩護射撃のもとに勇躍前進をはじめ、各所の敵の抵抗を排除しつつ進んだが、ついにブキテマ高地の敵堅陣につきあたり、日本軍は停止してしまった。

英軍の護る堅固な陣地に対しては砲兵の到着をまち、その援護射撃のもとに攻撃するのが

戦場で発見された九八式臼砲の弾丸

定石だったが、砲兵はまだ水道の渡河に手まどり、姿を見せていなかった。

しかし、日本軍の命令では十日の夜襲で敵を攻撃し、紀元節の朝までシンガポールののどもとのブキテマ高地を万難を排しても奪取せよ、ということであった。

日本軍は高地の堅陣を攻めあぐんでいた。この時突然、巨弾が日本軍から飛来して高地の要所に命中、大音響とともに炸裂して陣地を砂塵高く舞いあげた。続いて一弾、また一弾と、どこからともなく飛来する異様な巨弾のツルベ撃ちに陣地は破壊されて震動し、守備する英軍も生きた心地がしなかった。

まだ日本軍の重砲部隊は渡河できないと安心していた敵は、この思いがけない巨弾の奇襲にドギモを抜かれてしまった。これに対し日本軍の士気は上がり、ただちに攻勢に移り突撃を敢行して、二月十一日紀元節の払暁五時ついにブキテマ堅陣の一角を占領したのであった。

この戦いで巨弾を発射させ、堅い英軍の守りを破ったのは、日本陸軍がそれまで「機密兵器」としてきた〝九八式臼砲〟であり、歩兵線の後方から奇襲的に火門を開き、重砲のかわりにその威力を示し、戦場においてはじめてベールをとったのであった。

砲身を敵方に飛ばせ

昭和九（一九三四）年九月、技術本部の桑田小四郎中佐（後の少将）が、伊良湖射場におけるエレクトロン投下爆弾の実験に立ち合った時のことである。

一〇センチの弾体の中にエレクトロン製の子爆弾三個を入れて頭に信管をつけ、その中に抛（ほう）射薬を入れて弾着と同時に火のついた子弾を弾尾方向に抛出する方式のものであった。静止発火は弾尾を下にして地上に立て、信管に点火するのである。

この実験を見ていたが、やがて弾体は子弾を地上に抛出して空中高く舞い上り、見えなくなってしまった。高さ三〇〇メートルも上ったのであろうか、しばらくして落ちてきたが正しく元の位置に落下した。

その瞬間、桑田中佐の頭にひらめいたのは弾丸を地上に残し、砲身を敵方に飛ばすことができるはずだ。そして砲身の頭部に爆薬を入れたら、いわゆる無砲弾ともいうべき兵器ができそうだ。

このアイデアをもとに図面をひいて、翌日修理工場で作らせた。

射場には大小の打上弾がたくさんころがっている。野砲照明弾の弾体をもとに羽根を溶接し、頭部に黒色火薬を入れ、内部に砂をつめて、この砂を抛出させて弾体を飛ばしたが遠くへ行かない。

次に砂の代わりに樫の棒の内筒を入れ、これを枕木に托して弾体を抛射してみたら約三〇〇メートルほど飛んだ。さらに内筒を鉄製にし、枕木の面積をやや大きくして発射したら、弾体は約五〇〇メートル飛んだ。

このように予備実験を何回もくりかえして、大体一〇〇〇メートルくらい飛ばすのに必要な設計基準を得たので、一五センチ無砲弾の本設計に着手したのである。

桑田中佐の考えでは、一五センチ無砲弾なら弾丸を一人で、発射座を二人でかついで行くことができるから、これを第一線の散兵壕にすえ、急襲射撃を行なったら効果的であろうと思ったのである。

設計データをもとに造兵廠に注文した一五センチ無砲弾一〇〇発と、発射座四基ができたのは昭和十年六月のことであった。この年陸軍技術本部長・岸本大将が伊良湖射場の視察に来た。

この時、桑田中佐はできたばかりの一五センチ無砲弾を射撃してお目にかけたところ、

「面白い考案だが一五センチでは小さすぎる。三〇センチの無砲弾を作れ」といわれた。

この要求があまりに突然なので当惑したが、岸本大将の脳裡にソ満国境にあるソ連軍のトーチカ陣地のことがあるのだとわかり、あらためて三〇センチ無砲弾の設計に取り組んだのである。

陸軍はこの研究を極秘あつかいの特別研究として予算をとり、研究符号を「技四」と名づけ、三〇センチの方を「技四甲」、完成している一五センチの方を「技四乙」と名称をあたえた。

ソ連軍陣地の切り札

一般に三〇センチと呼んだが、実際には三三センチのものである。一五センチから三三センチへと大きくすると、運搬にはトラックを、組み立てには超重機が必要である。

そのようなものを敵前一〇〇〇メートルにすえつけることは不可能であったので、構想は別にすることにした。

まず弾丸も発射座も、一片一〇〇キロ以内に分解搬送を可能とし、これを二人で肩にかついで前進し、敵前で手早く組み立てることにした。また発射座はできるだけ軽量化し、その重量を弾量の四倍以内にとどめた。

三〇センチの試作品が完成したのは昭和十一年三月で発想から九ヵ月目であった。その後、数回の修正と改良試験をくりかえし、昭和十三年四月、陸軍大臣参加のもと供覧試験を行な

九八式臼砲の発射座と弾丸

い、その結果「九八式臼砲」として制式兵器に採用された。

　当時、関東軍の作戦計画で、最も重視されたのが北満東寧(とうねい)正面におけるソ連軍陣地である。もし戦争となった場合、第一、第二線陣地は日本軍の大口径重砲で破壊できるが、第三線陣地の火点を破壊するためには、重砲の陣地交換を行なわなければならない。そのため作戦の中間に時間的な空間ができ、不利となるため全縦深陣地を一挙に突破するためには、第二線陣地突破後、重砲に代わる特殊兵器を歩兵と共に前進させ、間髪を入れず巨弾を射ちこもうという戦術上の要求をみたすものが本火砲だったのである。

　従って、名前は臼砲であっても通常の火砲と違い、弾丸を射出する砲身はもっていない。簡単な発射座の内筒に弾丸を装し、内筒前端に入れる装薬に点火すれば、燃焼ガスの圧力により弾丸は発射され、内筒はそのまま残る構造であったため、俗にこれを「無砲弾」と呼んだ。

九八式臼砲の設計条件は次のようなものであった。

弾丸炸薬の威力は、三〇センチ榴弾砲の破甲榴弾と同等の破壊威力を有すること。したがって炸薬量は四〇キロとする。ただしコンクリートに対する侵徹威力は期待しない。

弾丸から発射座にいたるまで、全部分解可能として人力で運べるようにし、これをもって隠密攻撃に適すること。そのため一部品の重量は一〇〇キロ以内におさえること。

完成した九八式臼砲の構造とその操作方法は次の通りである。

発射座は床材、座板、球板および内筒の四部で構成され、床材は幅約二〇センチ、長さ約一メートル八〇の角材一二本（下床材）と、これより短い角材四本（上床材）とをもって一組とした。

座板は軟鋼製の平板、球板は球面状の鋼板、弾丸の発射内筒は鋼製の中空筒に作られ、その上端に皿状の装薬室があり、発射装薬および緊塞皿を装入、中央に点火管を直立する様に構成されている。

発射座を組み立てるには、地面を掘開して四五度の斜面を作り、一二本の下床材を六本ずつ縦横に直交して二段に重ね、緊定ねじによってこれを一体に緊体する。

次にその上方に上床材四本を並べてさらに座板と球板を置き、ふたたびこれらを一体にねじ止めした後で球板上に内筒をのせ、その床板をねじで球板に固定すれば発射座の完成である。

無砲弾の本体である弾丸は弾頭、弾中、弾尾の三部からなり、互いにこれを螺着して一体とするよう構成され、弾頭には炸薬、弾中には炸薬および信管をセットする。弾尾は特に砲身鋼で作った中空の円筒で、下部外側に四板の羽を有し、上部側面には門管挿入孔がある。

弾丸を組み立てるにはまず発射座の内筒に弾尾をはめた後で門管を装着し、次いで弾中を弾尾にはめこみ、これに信管をつけた後、炸薬を装着した弾頭を弾中に取りつければ良い。

無砲弾の発射準備は発射座と弾の組み立て中に行ない、発射座の組み立て完了後は内筒上に象限儀を置き、射角を測定する。

本射角は四五度となるはずであり、測定した射角と射距離とを既知元として射表によって装薬量を求め、本装薬を緊塞皿に入れて内筒の薬室に装着する。

この時すでに弾丸の組み立てに先立って高低照準は終わっており、弾丸のセット完了後弾中上に補助桿を装した眼鏡を置き、内筒を左右に動かして目標方向照準を行なえば発射準備が完了し、門管によって点火すればただちに射撃開始となる。

第一弾の発射後は、残る各発射座に対して同一の操作を実施し、次の弾丸を組み立てれば良いわけである。

九八式臼砲は、七年式三〇糎榴弾砲と同一の破壊力を有し、特に歩兵と共に行動可能を必須条件で、兵士での臂力搬送ができるように分解した一個の重量を一〇〇キロ以内とするこ

九八式臼砲の発射内筒

九八式臼砲の発射内筒各部

門管
点火管
装薬
弾尾
内管

左より弾頭、弾中、弾尾。弾には取り付け枠がついている

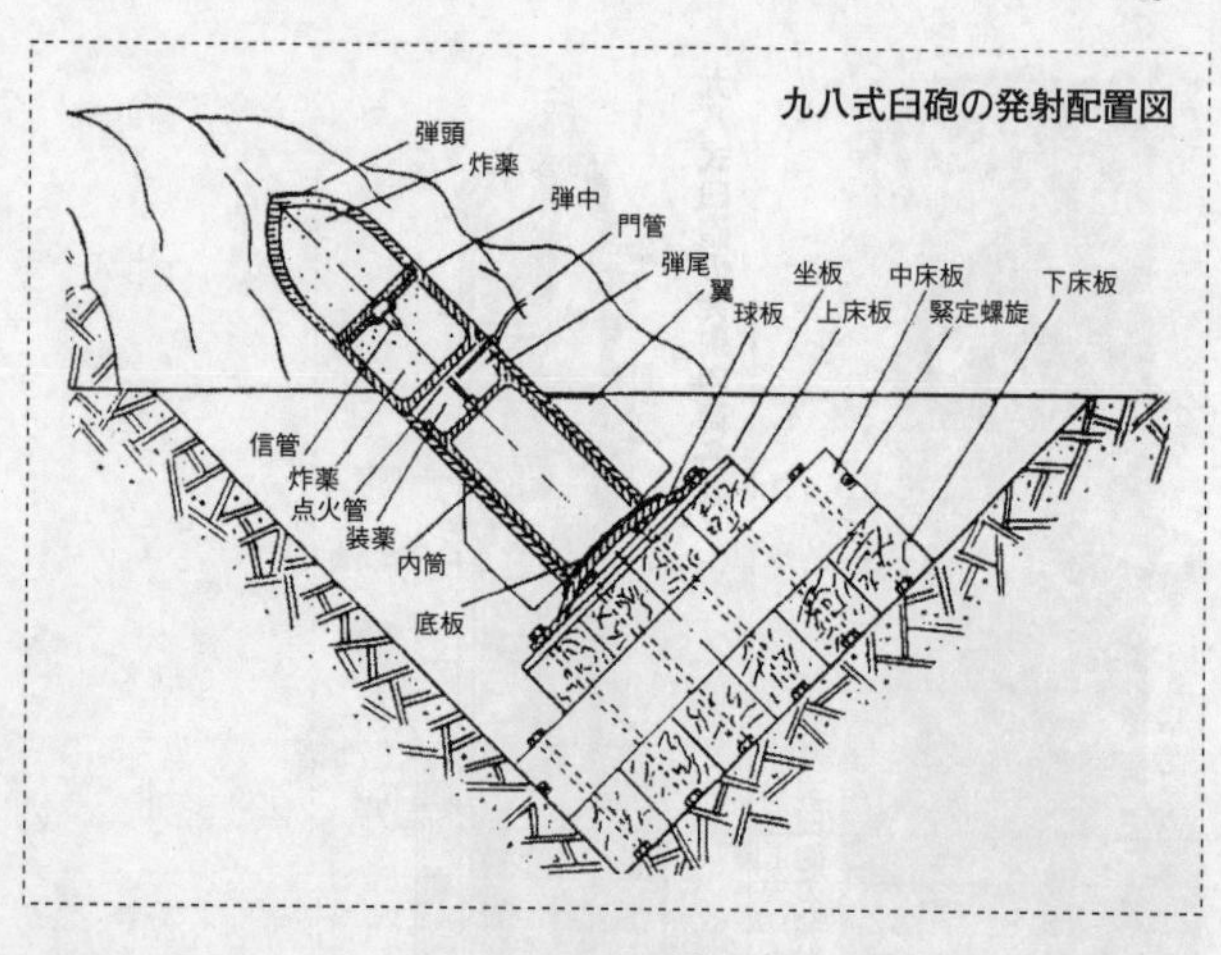

として開発されたものである。発射座の総重量は約一二〇〇キログラム、弾丸の重量は約三〇〇キログラム（内炸薬四〇キログラム）であり、発射座と弾丸の臂力搬送には約五〇名の兵士で運ぶことができた。

発射座の堀土および組み立ては、通常土で約三〇分を標準とし、凍結地ではその倍の時間を必要とした。

射撃データ
弾丸の組み立ておよび発射準備　約一分
最大射程（射角四五度）一二〇〇メートル
方向射界　左・右一二〇ミリ
発射速度　一分一発
命中精度（射距離一〇〇〇メートル）約二〇パーセント
発射座の耐久力（最大射程時）約一〇発
九八式臼砲の教育は、昭和十四年八月、関東軍技術部内に「特種兵器教育隊」を編成し、横須賀重砲兵連隊の中隊長であった辻田新太郎を起用して、「九八式臼砲部隊教練規定」を起案しこの訓練、教育にあたった。

この教練規定は、東方正面におけるソ連軍縦深陣地の突破を想定して起案したもので、編成、戦法や戦技は次のようなものであった。

一、中隊の火砲（発射座）は四門とするが、防御の場合はこれを八門とするを有利とす。

二、弾薬は発射座内筒の命数を考慮し一門一〇発を標準とし、その一発を中隊が、残りを大隊段列が携行する。また各門一個の予備内筒を用意し、全部を一括してこれを大隊段列で携行する。

三、中隊は四コ分隊（四発射座・四弾）の近距離における臂力搬送に必要な兵員を標準として編成し、必要の場合は他部隊の援助を求める。

四、砲の訓練は分解した発射座および弾丸を敵前において夜間隠密かつ迅速に臂力搬送し、短時間にその組み立てを完了する。

五、射撃は特火点に近く落達する射弾の爆発により火点を転覆もしくは埋没する目的のため、命中弾による破壊効力は期待しない。本弾丸の炸薬量は三〇榴の破甲榴弾と同量であるが、弾頭の構造がベトン破壊に適していないからである。

九八式臼砲部隊は本来対ソ作戦のため出現した特殊部隊であったが、昭和十六年十二月に

九八式臼砲の弾丸と各種砲弾

太平洋戦争へと突入したため、部隊は予期しなかった南方戦場に出動することになった。

十七年のシンガポール攻略戦には、佐世保重砲兵連隊で編成した独立臼砲第十四大隊が参加した。大隊は二コ中隊と大隊段列からなり、中隊は各火砲八門を装備した。この戦果は冒頭にのべた通りである。

部隊はシンガポール攻略後、フィリピンのリンガエン湾上陸をはたし、独立歩兵第六十五旅団の指揮に入り、チアーベル河岸に展開砲兵の射撃開始と共に正面の敵陣地に対する制圧射撃を、また二門で火点に対する破壊射撃を行なった。

また独立臼砲第十五大隊は、昭和十七年三月、第二次バターン作戦に参加、これも砲兵と協力して敵の重火器陣地の破壊射撃を実施して、第一線陣地の突破口を開いた功績は大きい。

火砲一門の消費弾薬は平均五発であった。また部隊はサイパンにも投入された。

戦争末期の沖縄戦では、独立臼砲第一連隊が第六十二師団に協力して米軍の攻撃を拒止して戦った。

敵の意表に出た九八式火砲一弾が敵三〇名の将兵を倒し、一〇名の兵士に損傷をあたえて、米軍に対し大きな脅威を感じさせたと米軍報告書に記載されている。

キ－109甲

●対B－29戦の切り札として考案された高射砲搭載機

米戦略爆撃機の脅威

昭和十七（一九四二）年四月十八日、日本本土は敵機の奇襲を受けた。米国のドウリットル中佐指揮するB－25の奇襲部隊によって、日本内地への空襲を受け、本土の防空陣の弱体さをさらしてしまった。

その後、B－25は戦略爆撃機B－29と変わり、これにはわが防空陣もなすところを知らず、いたずらに敵機の跳梁にまかせるのみとなった。B－29の高度一万メートル以上の上空では、非力な小型防空局地戦闘機はそれにはとどかず、攻撃をしかけるなど無理な状態であり、地上に配置した高射砲部隊の火砲も八、九〇〇〇メートルまでしか弾がとどかなかった。

このB－29に対応して、これを撃墜する苦肉の策として考えられたのが、「一〇九甲」特殊防空戦闘機計画である。これは地上火砲の野戦高射砲の砲身を重爆撃機に装備して、B－

29に対抗しようとしたものである。

昭和十八年にはいって、日本本土を攻撃するB-29の防弾設備はいっそう強化され、高々度飛行性能も向上されるという情報から、本土防空を担当する防空組織の防衛総司令部配下の陸軍飛行師団でも、その対策を真剣に考えざるをえなくなった。

そこで陸軍は「一〇九甲」特殊防空戦闘機計画を押し進める必要があり、昭和十八年はじめ、急ぎ三菱名古屋航空機製作所に対して、B-29に対抗して戦える防空戦闘機を試作するよう指示した。

陸軍の要望に対して、三菱の技術部門では河野文彦部長を中心に第四設計課でこれを担当することになり、小沢久之丞技師を主任技師として防空戦闘機の設計を行なうことになった。

陸軍の要望事項はだいたい次のようなものであった。
一、可能なかぎり大口径機関砲を多く搭載できること。
二、小型戦闘機と同等の軽快な戦闘飛行が可能なこと。
三、B-29と同じ高空一万メートル以上で戦闘ができること。
四、機体は量産が容易なこと。
このような要求データに基づいて検討を重ねた結果、小沢技師は当時テスト中のキ-67（飛龍）の性能の良さと、大型機体ながらもその運動性が予想以上に向上していることに注目し、この機体を利用し大口径の機関砲を装備し、「キ-一〇九甲および乙審査試作指示特

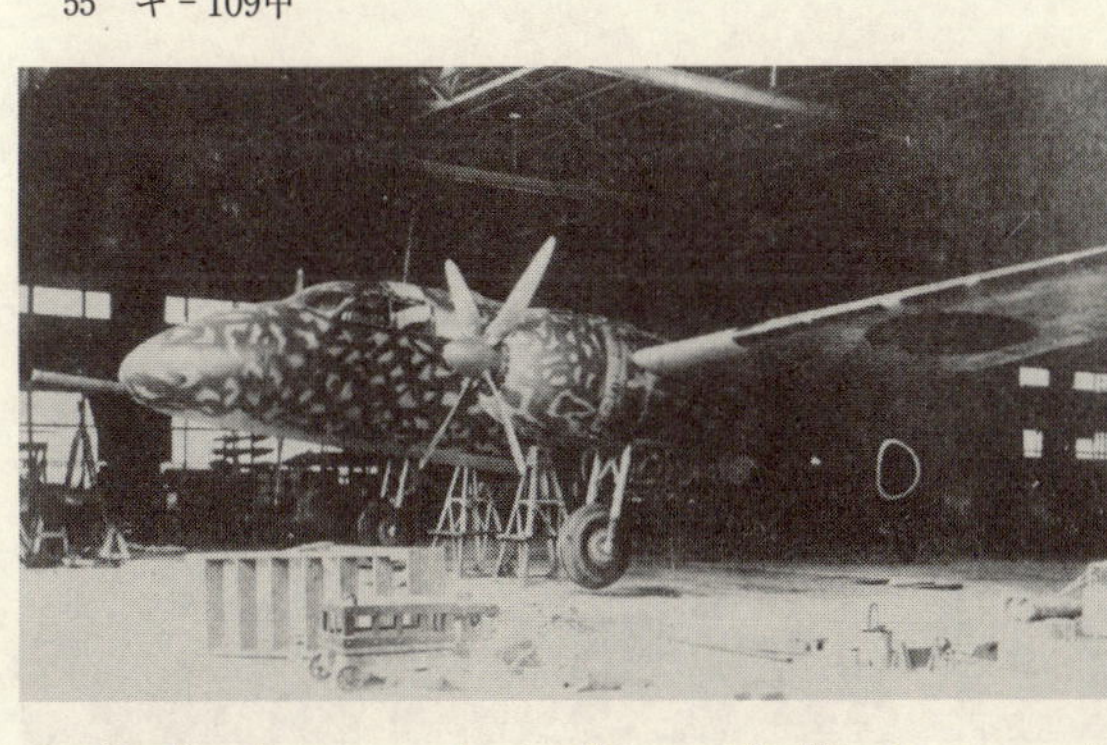
格納庫内のキ－109甲戦闘機

殊防空戦闘機」として改修を行なうことが決定し、ただちに設計に着手した。
機体には、はじめに後尾砲として「ホ二〇四」の三七ミリ砲二門をのせる哨空防空戦闘機、また別に「キ－一〇九乙」は機上に電波標定機および、四〇センチ機上照空燈を備えた夜間探索機と、甲、乙ともに高空飛行を予想して発動機に排気タービンを増やし高空性能の向上をはかった。
この機体強度の担当は、東條輝雄技師と排気タービンの装着研究は村上技師と高橋正巳技師が受けもったのである。この設計過程で従来の航空機関砲では充分な火力を発揮できないとして、陸軍航空審査実験部の酒本英夫少佐が目をつけたのが、陸軍の野戦高射砲の威力である。
この高射砲は昭和三（一九二八）年に制式になった八八式野戦高射砲で、口径七五ミリ、砲身長三三一二ミリ、砲身重量は四八二キログラム、閉鎖機は鎖栓式であった。日華事変では陸軍の主力高射砲として数多く装備され、その安定した射撃効力はよく弾が集中し、操作しやすさに定評

八八式野戦高射砲

キ-109 甲戦闘機に搭載するように改修した八八式野戦高射砲の砲身

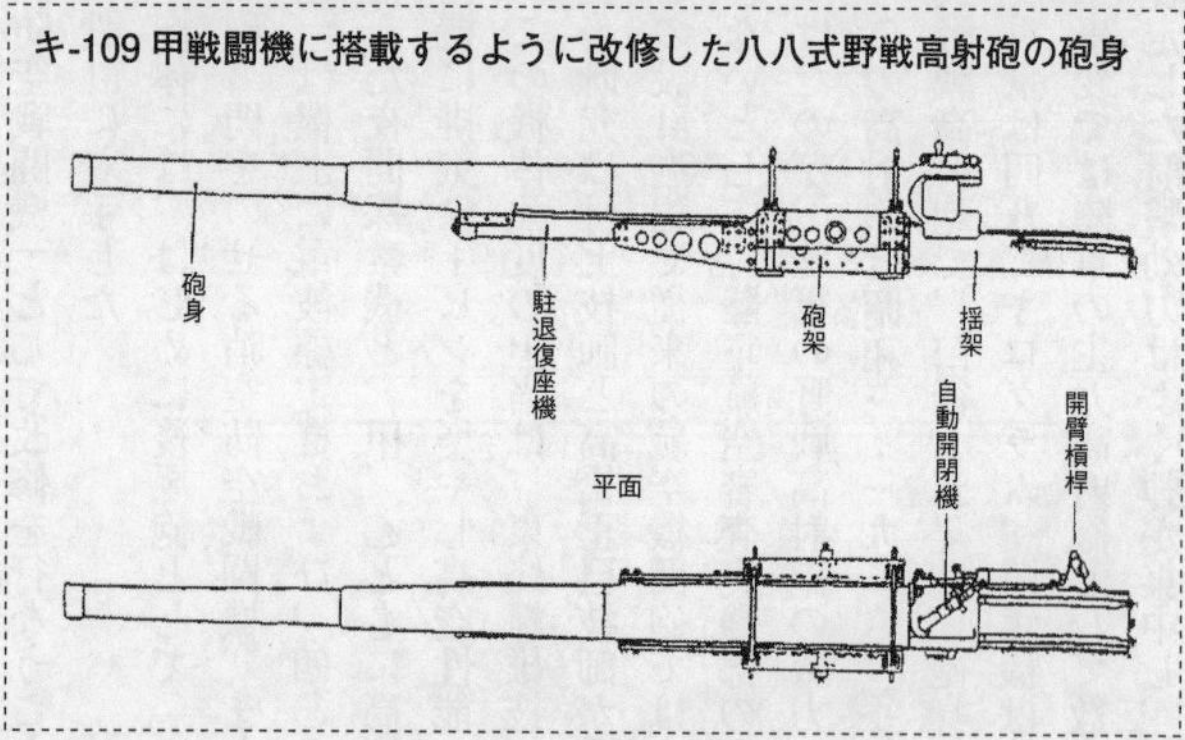

があった。

この野戦高射砲を飛行機に搭載するということには地上部隊も航空方も猛反対したが、これを思い切ってのせ、その大口径砲の威力でB-29の防衛火器の圏外より攻撃をくわえ、一発で確実に撃ち落とす計画を採用し、昭和十九（一九四四）年一月に設計に取りかかった。

設計の要領は航空機銃と違い重い高射砲の砲身をのせるものであり、火砲は陸軍第一技術研究所が高射砲の改造を担当し、これの撃発機構を改修し、発射時の後座長を短くした。

機体設計改良は、大きな高射砲の砲身を装着する必要から、まずキ-67(飛龍)の爆弾倉に機軸に対して水平に砲を配置したので、三メートルほどの砲身は機首より長く突き出した形状となった。次に操縦席の左側を改造してそこに砲手が乗りこむようにした。

砲の発射は単発であるため、弾道の調整は発射距離一〇〇〇メートルで、照準眼鏡の十字線に合わせた。射撃試験は機体を固定して行なったが、初めの射撃では装薬をかげんして射ったが、それでもドーンと発射した瞬間風圧によって風防ガラスに全部ヒビが入るなどのことがあり、この風圧を弱くするよう苦心の改修がほどこされた。

この高射砲の改修と搭載に対しては陸軍第一技術研究所の牧浦少佐が全面的に協力をおしまなかった。

一方、キ-109の搭載機には高空における性能向上のため「特呂」という研究中のロケット推進器を装備したり、また排気タービンを増加してB-29の高性能に対抗しようとした。

こうした研究の結果、昭和十九年八月末に試作機一号機と二号機がようやく完成した。

緊迫の実戦テスト

昭和二十(一九四五)年一月、三菱では試作一号と二号機の発動機向上のため排気タービンの性能試験を行なうことになり、浜松飛行場に集合した。陸軍側もこれと同時に操縦者の戦闘訓練をかねてテスト飛行を連日行ない、できるだけ早く満足する成績を挙げるよう努力していた。

昭和二十年には米軍機による本土空襲が相いついでいたが、三月十三日に火砲の射撃訓練を行ない、午後には高度一万メートル以上での全速戦闘飛行のテストを行なう予定であった。

午後一時、一号機の操縦は堀田中尉が担当し、村上技師と木村技師が同乗し、二号機には、内地防空を重視するため特にビルマ戦線より日本に帰還した優秀なパイロットの富田正夫大尉が操縦にあたり、三菱の高橋技師と板谷技師がタービン係として乗り込んでいた。またさらに機内には高射砲操作のため、砲兵出身の北川曹長も同乗していたのである。

この二機が浜松飛行場を離陸して飛行に移り、ちょうど三〇〇〇メートルほど上昇した時である。突然東海軍管区司令部より、空襲警報が発令された。

またすぐ「敵B－29二機編隊が伊勢湾上空より名古屋方面へ侵入中」の無線連絡が入った。敵B－29の本土来襲である。

この無線をきいた富田大尉はニッコリ笑って、「高橋技師、千載一遇のチャンスだ、思い切って高射砲の威力を試そう」と声をあげ、続いて「北川曹長、弾はあるか」とたたみこんで聞いた。

砲手の北川曹長はすかさず、「試射の残弾二弾あります。大尉殿、やりましょう」と意気込んだ。

思いがけず実戦テストとなったのである。初陣の初弾はなんとしても敵機に命中させたいという念願が一ぱいになっていた。

「富田大尉殿、やりましょう、機体の発動機の調子も良好ですし、実戦テストにおあつらえ向きです。二弾とも必中をかけましょう」と答えて、側の板谷技師に向かってタービンの作動調整を命じた。

富田大尉はエンジニアたちの声をきくや、「我、必中弾二弾、断固B－29の迎撃に向かう」と飛行場へ打電した。そして機体はぐんぐんと速度を増して上昇し、進路を伊勢湾に向かって航行して行く。

一方一号機には、高射砲を搭載しているが弾丸をのせてなく、また火砲の砲手も同乗していなかったため、残念ながら富田大尉の命令によって退避帰還することになり、バンクを三回くりかえしながら東下方へ移って行った。

二号機は一号機と別れて飛行を続け、高度六〇〇〇メートル上空に達した時、排気タービンの作動を指示した。この時はいつも不調であったタービンも順調、エンジンの調子も良好で、操縦席の富田大尉は実戦なれしているためゆうゆうとしていた。

「発動機の調子はいいし、視界良好、初弾はかならず命中させますよ」といいながら、高度が上がったため酸素マスクをつけ、正面前方を向き、スロットル・レバーを押してさらにスピードをあげた。

砲手の北川曹長は高射砲の砲弾を点検し、早くも第一弾をガチャンと装填した。「装填よし」と右手の拳を上げて二回上下にふった。

操縦席の富田大尉はそれをチラリと見て大きくうなずくと前方を見つめ、さらにスピードをアップさせる。いざ敵機見参という気迫がありありと見えた。

高度九〇〇〇メートルに達し、早くも名古屋上空である。街は空襲警報に対する待機で下には高射砲も砲口を上に向けて緊張していることであろう。まさにその日は快晴であり敵機からも日本の地形がよく見えるものであった。

火砲を搭載したキ－109甲が、名古屋港より伊勢湾上空に出てわずか三分位たった頃、「あっ見えた、Ｂ－29の編隊だ」遠くにその巨体な姿を見せ飛んでいる様子がかすかに確認できた。よし近づいた。富田大尉はすでに発見しているらしく、機内全体に緊張感があふれる。機体の左右二基エンジンも排気タービンも全力をふりしぼって、敵機の追跡を続ける。

一撃必殺の七五ミリ弾

日本本土に進入した敵Ｂ－29の編隊は高々度をとって飛行し、背後に白く長い飛行雲を引きながら飛んでいた。六機編隊の二梯団である。Ｂ－29は目標に向かって爆撃体勢に入っているらしく、各機の間隔がすごくちぢまっていた。まさに敵なしの状態であった。

キ－109の目測では約五〇〇〇メートル弱、その時左右外側の敵機から機関銃の防御戦闘をはじめたらしく、パッパッと機関弾の光芒が束のように向かってきた。

富田大尉はやや体を前かがみに前方を見つめ、なんとかして機首を敵編隊のまっこうから向けるべく、しっかり操縦桿を握っていた。内部の北川曹長も、前方と左右を交互ににらみながら、発射時を今やおそしとかたずを呑む。二秒、三秒緊迫した時間が過ぎて行く。

その時、早くも有効射程一〇〇〇メートルに近づき、ぐんぐんとB－29の姿が大きく見えた。富田大尉は深呼吸一番、右手の親指で力強く操縦桿についている発射ボタンをぐっと押した。

閃光が機首よりほとばしり、その衝撃で機体はぐんと大きくゆれた。灰色の大きな輪状の煙が青空を背景にえがき出され、その中心を弾丸がスーッと伸びてつっこんでゆく。

弾はB－29の左三番機の右翼端あたりでみごと破裂した。命中だ。当たった。

機内で思わず立ち上がった時、キ－109は敵編隊の右へ急旋回して、敵編隊の右上方へ抜けた。その左下方をごうごうと音を立てて敵編隊が右側を横切って行く。B－29の編隊はこの大口径砲の威力におどろいたとみえ、すべての機銃はなりをひそめ沈黙のままであった。

命中機は右翼の外側エンジンより完全にふっ飛んで海上めがけて落ちて行った。また尾翼も飛んでいた。

キ－109がふたたび機首を立てなおした時、敵の第一梯団は全機左旋回して退却中であった。

続いて第二梯団が真横にみえて旋回体勢に移りつつあった。

この時、機内では北川曹長が第二弾を砲に装填し終わり、ふたたび勢いよく拳を上下にふっていた。これを確認、ただちに第二弾が発射された。今度はB－29の最後尾機のわずか上で破裂した。キ－109の機体はまたも大きな衝撃をうけたが、機体に損傷はなく、B－29はよろめきながら下方に落ちて行くのが見えた。

大きな戦果であった。この大成功におもわず機内で万歳を呼んだ。しかし、キ－109の攻撃もこれまでだった。もう残弾なしでは攻撃もおぼつかない。

北川曹長も板谷技師と共にさかんに手をたたいていた。富田大尉もこの成功に喜んでいた。この砲撃はわずか五、六分のできごとであった。

B－29の編隊は残った全機で海上はるかに退避して行く。その敵機間のあわただしい生の交信が盛んにキ－109の無線にも入っていた。キ－109は飛行予定の燃料を、おもわぬ実戦戦闘飛行にほとんど使いはたしてしまったために、浜松に戻ることはできず、そこから一番近い岐阜の各務ヶ原飛行場へ緊急着陸した。

機上より降り立った四名が、その時一服つけた煙草の味は本当にうまく、さわやかなものだったという。


参考文献『高射砲を搭載した特殊防空戦闘機『飛龍』・高橋正巳著」

呑龍ホ機関砲

●重爆の武装強化で選定・開発された各種大口径機関砲

重武装爆撃の開発

昭和十二（一九三七）年七月、北京南郊外の蘆溝橋で、駐留していた日本軍と中国軍が衝突、これが日華事変として発展し終戦まで幾多の戦いが行なわれた。

同年十一月には杭州湾に敵前上陸、さらに上海を占領する一方で陸軍航空部隊も中国奥地をたたくべく重爆撃機を開発し、これを実行に移した。これが九七式重爆撃機の登場となって中国軍の主要基地を攻撃した。

九七式重爆撃機の用途は、主に敵飛行場にある敵機とその他諸軍事施設の破壊にあり、爆撃能力大にして相当の自衛火力を有し、特に速度を大きくした。行動半径は標準爆弾量を携行する時は少なくとも六〇〇キロとし、なお行動のため約一時間の余裕をもち、爆弾を搭載しない場合は約一〇〇〇キロも可能とするように定められた。

しかし九七式重爆撃機が量産され中国大陸で実戦に使われはじめると、いくつかの不備な点が現われたのである。陸軍航空本部としては、これらをふまえ早くも次期爆撃機の必要に迫られた。

中国大陸では、九七式重爆撃機は適当な護衛戦闘機を持たず、片道八〇〇キロ以上の長距離作戦ではまったく爆撃機だけで出撃しなければならないため、強力な敵防空戦闘機に守られた基地を撃滅するには多くの抵抗を排除しなければならなかった。

そのため九七式重爆撃機は搭載武装の弱さと速度および航続性能の不足が痛感された。機体の武装は、前方銃に七・七ミリ機関銃一梃、後上方機関銃は同じく七・七ミリ機関銃一梃であったため、特に後方武装の防御が貧弱で、敵戦闘機のよい攻撃目標となり、現地部隊ではダミーの尾部銃をつけて敵の目をごまかすという非常手段をとったほどである。

こうした九七式重爆撃機の武装不備が陸軍でも問題となり、キ‐21Ⅱ後期型（第一〇二六号機）から後方を強化することになり、後側方に七・七ミリ機関銃二梃を装備、さらに後上方には一三ミリ機関砲一梃を強化し、ここを球形風防に改良したものである。

昭和十三年にキ‐21（九七式重爆撃機）の量産がととのった頃、陸軍航空では中国戦線での戦訓を取り入れ、爆撃行動中でも戦闘機の護衛を必要としない次期重爆撃機の計画を立てた。

これは重武装・高速を主とした爆撃機で中島と三菱の二社にそれぞれキ‐49とキ‐50の試

百式重爆撃機呑龍

作を内示要求したが、戦局も押しせまり各社とも生産に追われているような状況でもあり、キ－50は計画だけに止めキ－49の試作が進められることになった。これにより中島キ－49（百式重爆撃機「呑龍」）が生まれることになる。
　このキ－49に対する陸軍の要望は、最大速度は日本の重爆として初の五〇〇キロ／時以上、航続距離は三〇〇〇キロ以上、爆弾搭載量は一〇〇〇キログラム（標準）、武装としては通常の七・七ミリ機関銃のほか陸軍最初の尾部銃座をもうけ、ここに二〇ミリ旋回銃（後上方）などであった。
　陸軍航空本部は、機体に搭載兵器の口径規定として、口径一一ミリ以下には鉄砲を示す「テ」の呼称を、それ以上口径が大きいものには機関砲と区分して砲の文字から「ホ」の呼称をつけることになった。
　昭和十三年、陸軍は中島に対して重爆撃機キ－49の試作を命じた。こうして製作に入ったキ－49の第一号機は十四

（一九三九）年八月中旬に完成、続いて基本審査および実用試験は九月下旬から翌十五年三月の間に実施された。

本機の特徴の一つは、中国の軍事施設や敵飛行場を爆撃の任務で、その重点の一つであった武装は、特に後方火力を重視し機首銃座に七・七ミリ機関銃一梃のほか、後上方の広い銃座に二〇ミリ砲一門、後両側に七・七ミリ機関銃一梃ずつ、後下方に七・七ミリ機関銃一梃という配置となった。

尾部銃座は敵戦闘機に対応するため、射界増大と空気抵抗を少なくする必要があり、蛇腹を使った独得な設計であったが、このため尾輪引き込みのスペースがなくなって固定式となった。

キ－49の特徴の一つは、爆撃機武装の重点である後上方銃座に二〇ミリ旋回機関砲（「ホ一」）を装備したことであった。「ホ一」はホチキス式の二〇ミリ対空機関砲を応急的に改造したもので、弾薬は地上用のものをそのまま使用した。ホ一は初速が大きく、一弾の威力も比較的大きいという利点はあったが、機関砲自体の重量や容積がともに大きく、機上の操作も不便であった。

この機関砲を試験した浜松陸軍飛行学校の意見は、㈠胴体が大きくなり過ぎて操作が軽快でない、㈡発射速度および携行弾数が少ないため、遠近戦両用とはならない、㈢特に近戦には不向きで自衛力に欠陥を生ずるきらいがあり、かつ遠戦における命中精度にはなお疑問があるなどであった。

　そこで浜松飛行学校では、遠近戦両用の見地から一三ミリ機関砲をもって代えるか、七・七ミリ機関銃との併装とするかの研究を進め、むしろ一三ミリ機関砲への使用に望みを託していた。

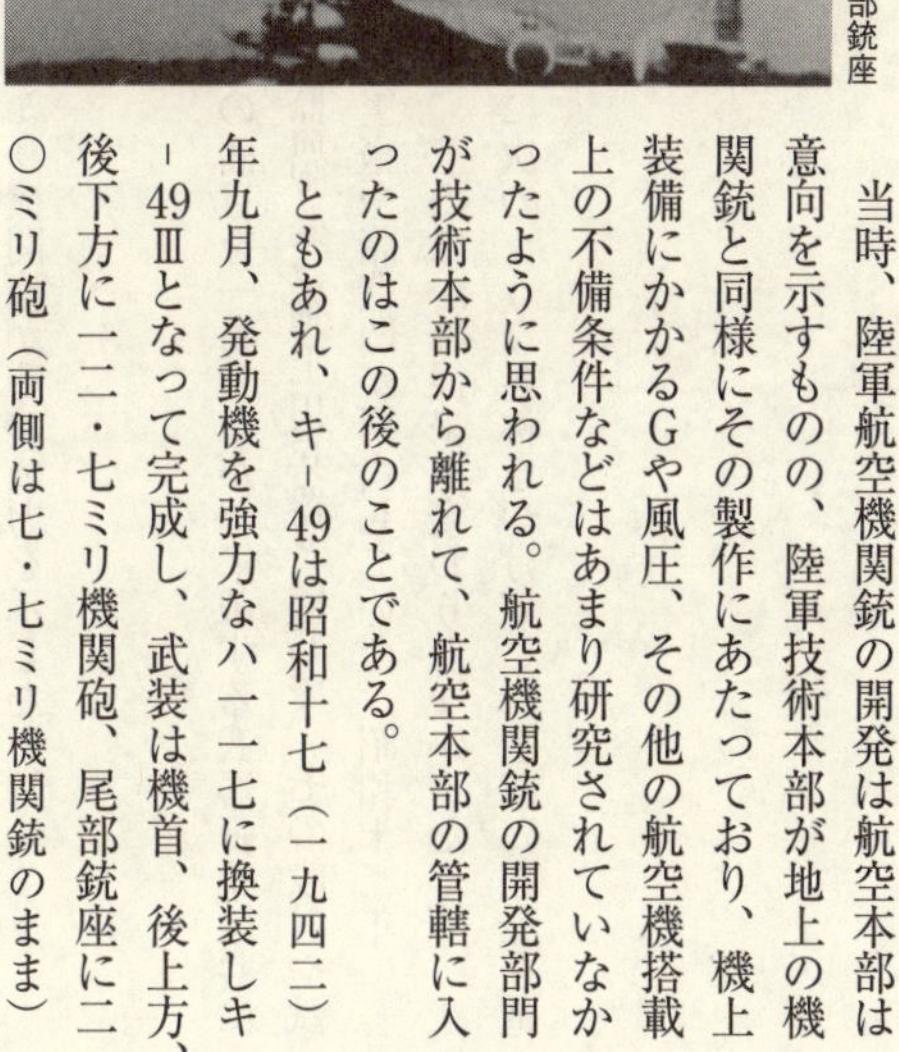
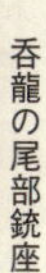
呑龍の尾部銃座

　当時、陸軍航空機関銃の開発は航空本部は意向を示すものの、陸軍技術本部が地上の機関銃と同様にその製作にあたっており、機上装備にかかるGや風圧、その他の航空機搭載上の不備条件などはあまり研究されていなかったように思われる。航空機関銃の開発部門が技術本部から離れて、航空本部の管轄に入ったのはこの後のことである。
　ともあれ、キ‐49は昭和十七（一九四二）年九月、発動機を強力なハ一一七に換装しキ‐49Ⅲとなって完成し、武装は機首、後上方、後下方に一二・七ミリ機関砲、尾部銃座に二〇ミリ砲（両側は七・七ミリ機関銃のまま）

であったが、敵機の追尾に対抗するには二〇ミリ機関砲がその威力を示した。

大口径化をめざす

昭和中期に入って、航空機は近代化――その面目を一新したが、搭載する武器弾薬は共に進展したとは言い切れなかった。当時航空武器弾薬は地上用兵器と同じで、その設計や試作・審査・製造なども陸軍技術本部系統の各工廠や諸機関が担当していた。昭和十二年に審査だけは航空本部で実施するようになったが、そのほかは従来と変わりがなかった。

陸軍航空本部は試作研究をした航空機関砲に次のような名称をつけ、これを基に開発を進めていくことになる。

○口径　二〇ミリ砲
「ホ一」「ホ三」「ホ四」「ホ五」
○口径　一二・七ミリ砲
「ホ一〇一」「ホ一〇二」「ホ一〇三」「ホ一〇四」「ホ一〇五」
○口径　三七ミリ砲
「ホ二〇二」「ホ二〇三」「ホ二〇四」

○口径　四〇ミリ砲
「ホ三〇一」
○口径　五七ミリ
「ホ四〇一」「ホ四〇二」
○口径　二五ミリ砲
「ホ五一」「ホ五二」


これらの他にも、航空機搭載砲としていくつか開発されたと思われるが、資料もなく詳細は不明である。ここで、この「ホ」シリーズ機関砲はどのようなものか解説していきたい。

二〇ミリ機関砲「ホ一」は、前述の通り百式重爆撃機（「呑龍」）の後部銃座に搭載されたが、後に改良されて「ホ三」となり、双発戦闘機の胴体先端に固定銃として使用された。

この「ホ三」には機関部に二つの併列した丸型の弾倉がついていたという。

●「ホ四」二〇ミリ機関砲
この「ホ四」二〇ミリ砲は、日本特殊金属株式会社の河村正彌博士が開発したものである。

陸軍機の搭載兵器は、昭和十四年頃まで七・七ミリ級に定着していて少しも進展はなかった。その前の昭和十二年末、ドイツのラインメタル社製の七・九ミリ航空機銃の性能が卓越

「ホ四」二〇ミリ機関砲

していることを知り、試験後その製造権を購入し、これを九八式固定（旋回）機関銃として制式化し、各航空機に装備した。

しかし九八式機関銃は重量、初速、発射速度などの性能も八九式旋回機関銃と大きな差はなく、当時急速に進歩を続けていた航空機の性能や装甲強化を考えると、実戦では「〇・二ミリ位大きくしても、威力に変わりばえがしない」などの感があった。

また弾薬についても、昭和十二年に「マ一〇一弾」が発明された。この弾は炸裂性のない七・七ミリ級の実包に炸裂性をつけて破壊力を増加したものだが信管はなく、敵機に弾着の衝撃によって発火するように設計されていた。

昭和十四年、陸軍航空技術研究所は日本特殊金属に対し、二〇ミリ機関砲の設計を依頼した。河村博士は航空用二〇ミリ機関砲（「ホ四」）を製作し試験射撃を重ねていた。

この「ホ四」は機関部に二つの眼鏡式弾倉をのせた形式のものであった。

使用する弾薬は対戦車対空用の弾薬で、対空用は瞬発信管のついたものであった。初め眼鏡型二〇発弾倉を使用していたが、これだと航空機に搭載した場合、搭乗者が弾倉を交換しなければならない。旋回機銃ならそれも可能だが、固定銃では無理である。

そのためベルト給弾方式の研究に入っていった。河村博士がホ四の研究に苦労している頃、陸軍はドイツのラインメタル社の二〇ミリ機関砲を輸入して陸軍の小倉工廠で製造することが決定し、河村博士の「ホ四」二〇ミリの研究は挫折してしまったという。「ホ四」にはこのようないきさつがある。

●「ホ五」二〇ミリ機関砲の開発

日本陸軍の航空部隊が、初めて本格的な空中戦を経験したのは昭和十四年のノモンハン事件である。当時の航空機の武装は七・七ミリ機関銃を装備したものであったが、対するソ連機の防備も薄く、空中戦では陸軍の九七式戦闘機の操縦性と七・七ミリ徹甲弾の威力とあいまって、緒戦にはつねに華々しい戦果を挙げることができた。

しかし、ソ連機もそれと対抗し防弾鋼板の厚みを増し、ゴム被覆を用いたガソリンタンクを使用するようになると、初期のようにそう簡単には撃墜することはできなくなった。

陸軍航空本部は昭和十三（一九三八）年にドイツのラインメタル七・九二ミリ機関銃を導入してこれを装備したが、ノモンハンでの戦闘ではそう変化はなかった。

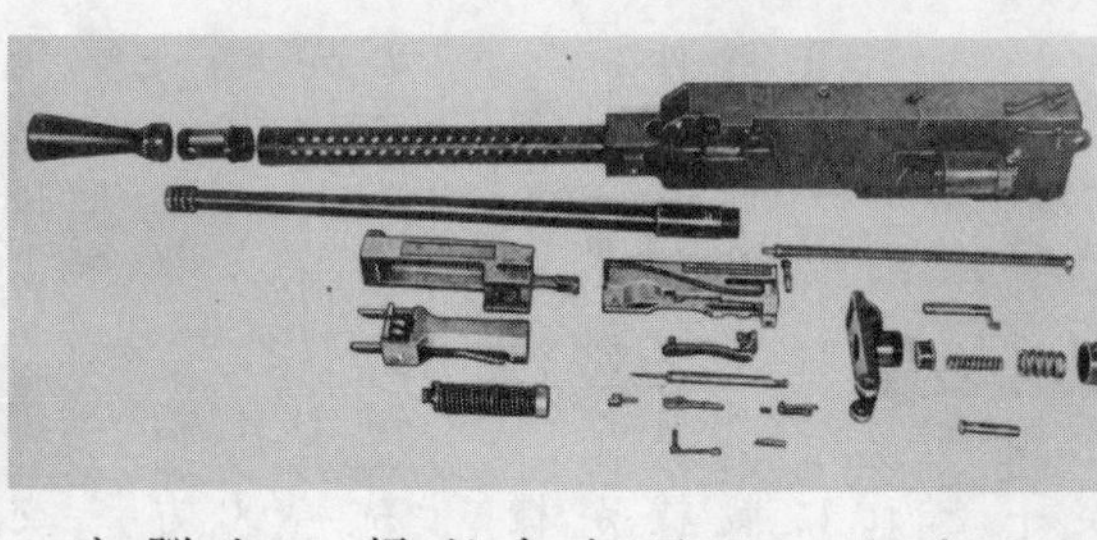
「ホ五」二〇ミリ機関砲

陸軍技術研究所は、武装強化を考慮して昭和十五年後期から二〇ミリ機関銃（砲）の試作を企図し、当時造兵廠の管理工場でなかった中央工業株式会社（南部銃製作所の後身）にこの試作を依頼した。これが「ホ五」（二〇ミリ）である。

兵器の試作については、陸軍造兵廠の同意を得なければならなかったが、その制度下にあえて無断試作を行なったのは、「ホ一〇三」（一二・七ミリ）整備のため製造設備の転換を行ないつつあった造兵廠に、さらに「ホ五」の試作を要求すれば造兵廠の反対は火を見るよりも明らかで、造兵廠や管理工場への試作依頼はまず望みがなく、また迅速を要するこの研究には不適当と考え中央工業に依頼したものである。

「ホ五」の形状はアメリカのブローニング機関銃の型式を参考としたもので、航空機の翼内搭載砲であるため、保弾帯によるベルト給弾方式を採用した。当時「ホ一〇三」でも同様なブローニング方式を取り入れていた。

「ホ五」は軽量で発射速度も大きく、ドイツのマウザー砲やイギリスのイスパノ機銃に対しても、総合威力では劣るものでなかった。

●開戦後の武装強化

昭和十六（一九四一）年十二月、日本は太平洋戦争に突入したが、開戦後航空機の性能は飛躍的に向上したものの、一三ミリ級の機関砲が対戦闘機戦ではまだ主役的位置を持っていたため、陸軍航空内部では二〇ミリ級を主装備として採用するには賛否が問われた。

これが技術陣の説得により、ようやく「ホ一〇三」（一二・七ミリ）の生産を減少して「ホ五」を大量整備に移行する決定がなされたのは昭和十七年末であった。

陸軍航空技術研究所の野田耕造少将は、開戦直後から南方へ進出した航空部隊の搭載兵器や弾薬の効力や故障などを調査して、昭和十七年四月その報告をした。

野田少将の意見は南方軍の戦訓から搭載機関砲の口径増大をはかるものであった。

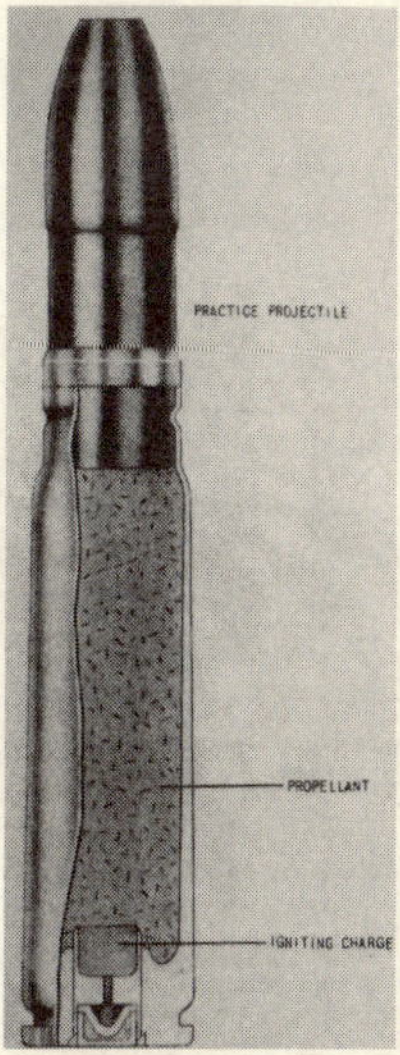

「ホ五」の弾薬

㈠、戦闘機の主火力は二〇ミリ機関砲とする。

㈡、襲撃機は火器の威力発揮を主とし、二〇ミリおよび三七ミリ機関砲とする。

㈢、軽爆撃機は地上掃射も可能なように、前方二〇ミリ、後上方、後下方を一三ミリとする。

㈣、重爆撃機は自衛力を増大し、二〇ミリおよび一三ミリ機関砲を主とする。

「ホ五」二〇ミリ機関砲は戦闘機の翼内砲として装備した場合、甲砲と乙砲があり、これを両翼に分けて装備した。「ホ五」のデータは、反動利用の砲身後座式で、重量約三五キログラム、初速七五〇メートル／秒、発射速度は七五〇発毎分、弾丸重量八五グラムであった。

航空武器弾薬の製造は、兵器行政本部系統機関の担当とあって、これは急速に進まなかった。結局十七年末にこれが実現することとなった。

「ホ五」の弾薬は、徹甲弾、榴弾、マ二〇二を主とし、そのほか普通弾、曳光徹甲弾、演習弾なども製作された。榴弾は内部に炸薬を収め、頭部に二式小瞬発信管をつけ、敵機に撃突してその要部を破壊するのを目的とした。

参考文献「日立兵器史」「兵器と技術」

救命具落下傘

●操縦者と同乗者に義務づけられた人命救助のための装具

空中の〝人命救助〟アイテム

日本の陸・海軍航空部隊には、操縦者用および同乗者用に航空用救命具として「落下傘」の装備が万一の用意に義務づけられている。まずは落下傘の歴史からのべてみよう。

フランスのモンゴルフェ兄弟が世界最初の気球の製作に成功したのは、一七八三年で、日本の天明三年、徳川十代将軍・家治の時代であった。彼らはその頃イタリアのレオナルド・ダ・ビンチの描いた絵にヒントを得て、パラシュートを考案試作し、パリのあるビルの屋根から飛び降り、無事着陸に成功したのがパラシュート降下のはじまりといわれている。

この時のパラシュートは、丈夫な紙と布とで作り、骨組みの入ったもので、第二次大戦中に使用されたものと比べて大きな相違があった。

それから約一〇〇年後の一八八〇年（明治十三年）、トーマス・ボールドウィン大尉がパラシュートで気球から飛びおりに成功したので有名になり、パラシュートの安全性と実用性を示し、各国もこれに注目するようになった。

やがて飛行機も発明されて、一九一四年に第一次大戦へ突入すると、ヨーロッパの戦場では飛行機や飛行船が空を飛び交い、空中戦が展開されることになる。こうした空の戦いも激化し、空中事故も多く、操縦者の人命救助の必要性から研究が行なわれ、戦争末期の一九一八年頃にはドイツ軍や連合軍のパイロットにはパラシュート装備が不可欠となったのである。

大正十年、日本海軍は英国からセンピル大佐を長とする航空団を招いて飛行技術を修得すべく、臨時海軍航空術講習部を設けた。その講習時、英国のパラシュート体験者であるオードリス少佐から〝落下傘降下〟の指導を受けることになり、陸軍の方にも参加を求めた。

当時陸軍の航空第一大隊付で、気球の搭乗を体験していた飯島正美工兵中尉は、早速この希望者募集に応じて参加を申し出た。当時飛行機の操縦者間では、飛行機が故障すれば搭乗者はこれと運命を共にするのが当然という気風があり、戦闘に直接関係のない落下傘降下であえて危険をおかす必要はないというように考えていた。

飯島中尉は大正十一年二月から、気球や飛行機から三回降下を体験しており、この海軍の落下傘教習にも参加して充分な教育を受けたのである。そして原隊復帰後は、気球を利用して部隊に落下傘教育を行なうようになったが、まだまだ陸軍航空として本格的に落下傘降下教育は行なわれなかった。

その後、飛行機の性能が向上し、飛行訓練の高度化が進むと、操縦士たちの航空事故が増加し人命の損失が陸軍内でも大きな問題となった。航空本部で事故調査を行なったところ、落下傘を装備していれば命が助かったと思われることが判明した。

落下傘の採用と種類

大正十五（一九二六）年、陸軍は海外にならって操縦士の救命具として落下傘を採用することになり、当時下志津の飛行学校が研究用に求めていた、米国製のアービング式落下傘を購入して採用することになった。

これを調べたところ落下傘の生地に、我が国から輸出した玉織羽二重(はぶたえ)地が使われているのを知り、これを基に藤倉工業に命じて国産化したのがアービング式一号落下傘である。

その後、陸軍航空部隊に採用されることになった落下傘は次の六種で、七は試作である。

一、一号アービング式落下傘　操縦者用
二、二号サルバトール式落下傘　同乗者用
三、九二式一号落下傘　操縦者用
四、九二式二号落下傘　同乗者用
五、九五式落下傘　操縦者用
六、九七式落下傘　操縦者用

た。

七、九九式落下傘　操縦者用

この九九式落下傘は九七式の改修発展型として試作されたが、陸軍の制式にはならなかった。

昭和二年「落下傘整備の件」を陸軍大臣に上申、当初米国製アービング式落下傘を各飛行連隊に配備、操縦士の空中事故に備えるようになった。

人体降下用落下傘は次の四つの形式に分類される。

一、腰掛式落下傘（座褥式ともいう）

二、前掛式落下傘

三、背負式落下傘

四、訓練用落下傘（背負式と前掛式）

この四つの形はそれぞれ任務や使用目的に応じてこれを使い分ける。これらの落下傘そのものの構造はいずれも大きな差はなく、基本的には傘体（主傘と吊索）、傘嚢、縛帯（装帯）、補助傘と開傘装置である。

主傘は絹布で作った半円のお椀を伏せた形で、上空で傘が開くと傘体全面にわたって均等に張力が配分される。もし傘布に裂け目ができても一部分でとどめることができる。

傘体は主に体の重量を支え、充分な空気抵抗を受けて安全に降下させる重要な部分であり、開傘時の形状は半球形で特に開傘時の衝撃と人体降下に加わる加速度の圧力に堪える強度を必要とされる。この衝撃をゆるめるため排気孔が傘体の頂上にもうけられている。

この排気孔のまわりにはゴム紐がついていて傘体が開く時には、大きな衝撃を受けるから、この時この孔が一時数倍にも拡がりショックをやわらげる役目をする。

傘体の大きさは、直径七メートルから七・五メートル位で、その面積は倍以上に広がる。落下傘に使用する布地は、日本産の絹布（羽二重）が最良で、開傘時の滑りが良く、もつれて不開傘になるところが少ないという特色がある。布は二〇～二四枚のくさび形の布を縫い合せて半円に構成しており、これによって破損しても拡大しないように縫製されている。

アービング式落下傘。Aの部分でバンドに固着し、Bの部分でたたんだ傘に結ぶ

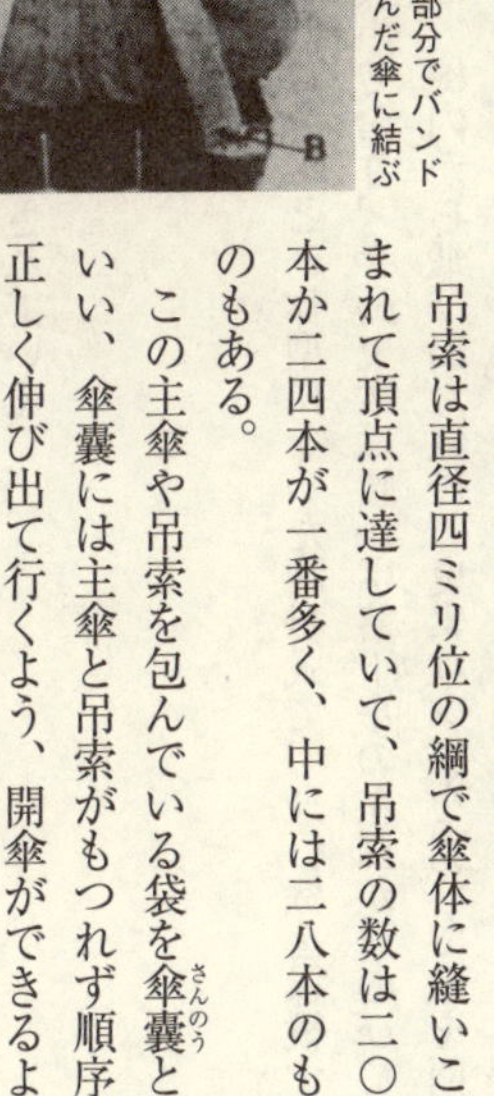

吊索は直径四ミリ位の綱で傘体に縫いこまれて頂点に達していて、吊索の数は二〇本か二四本が一番多く、中には二八本のものもある。

この主傘や吊索を包んでいる袋を傘嚢（さんのう）といい、傘嚢には主傘と吊索がもつれず順序正しく伸び出て行くよう、開傘ができるように納めてあり、この部分が完全でないと傘は開かない。落下傘にとって一番重要な部分である。

傘嚢は厚地の綿布、あるいは麻地やゴム引の布で作られており、いずれも傘体や吊索が小さく納めるよう工夫されている。この嚢の底には鋼線でできた金枠をもうけ、あるいは軽金属の板があるが、これは傘嚢を一定の形にしておくためである。傘嚢内部にはゴムひもが波状に縫いつけてあり、吊索を納めるように工夫されている。

イタリア式の採用

●一号アービング式落下傘（操縦者用）

陸軍が採用したアービング式落下傘は、縛帯と一体型になった腰掛式で、飛行機を操縦する機内では腰の下に座布団がわりに敷いており、手動曳索は腰かけ落下傘の左側からのびて縛帯に止めてある。これの開傘操作は、機内から飛び出た直後、曳索リングを引いて傘を開傘させるもので、索を機体にセットすることなく開傘降下することができた。

また着地後、縛帯をはずすには、胸についたフックをはずすことによりすぐ落下傘と縛帯からの分離ができ、当時諸国でもこのアービング式を採用した国が多かったのである。ちなみにアメリカ陸軍航空隊もこのアービング式落下傘を使用しており、その信頼性は高いものであった。

日本も当初、購入したアービング式落下傘をそのまま航空部隊に配備して使用していたが前述のように落下傘の生地が日本の羽二重生地を使用していたのがわかると、落下傘を製作することをきめ、この製造を藤倉工業株式会社（現在の藤倉航装）に命じて開発させたのが、一号アービング式落下傘である。形式はアービング式そのままで腰かけ式、手動開傘装置つきで、データは次のとおり。

一号アービング式落下傘

重量八・五キログラム、主傘の中径七・三メートル、開傘時間二秒内外、降下距離三〇〜五〇メートル、降下速度（荷重八〇キログラム）四・六メートル／秒

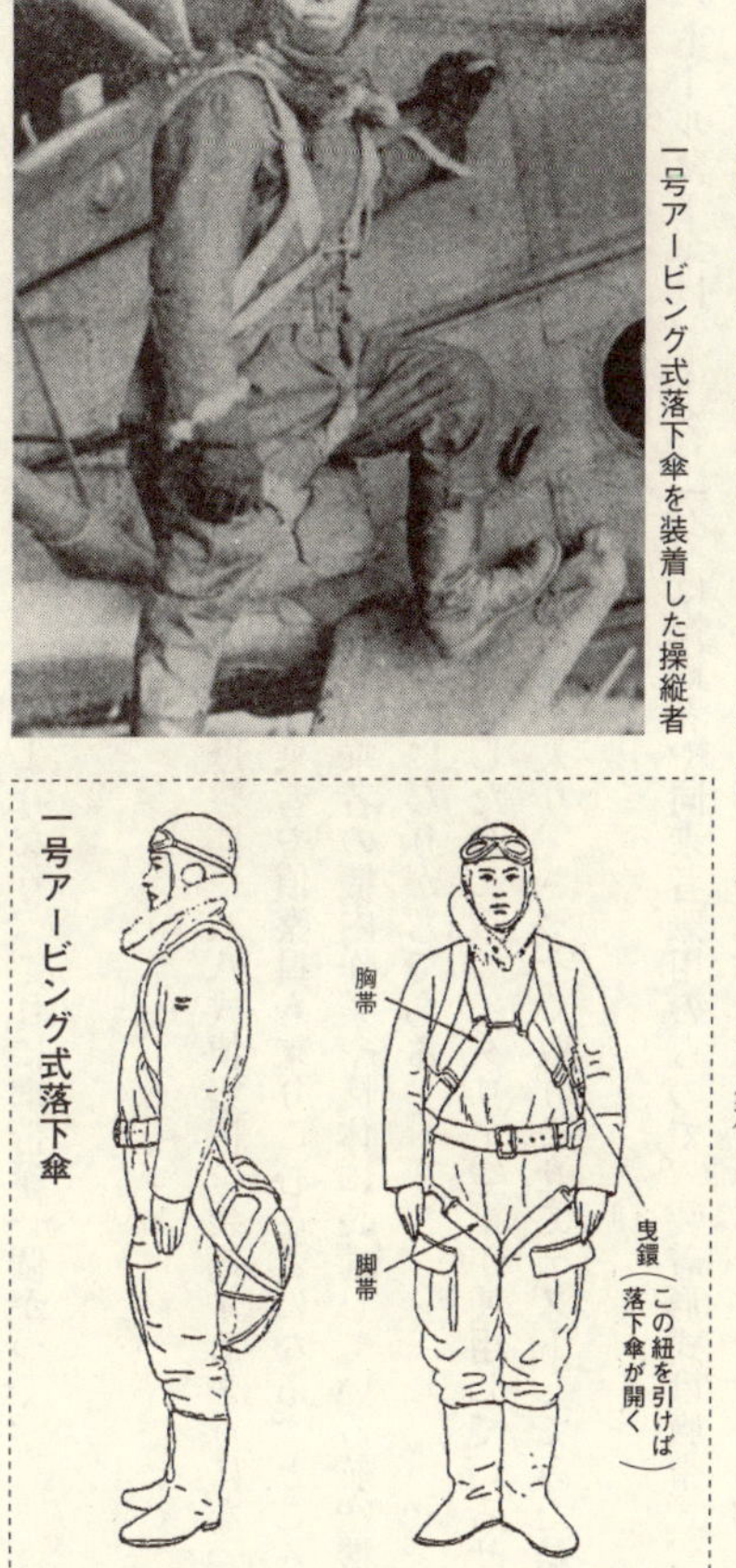

一号アービング式落下傘を装着した操縦者

本落下傘は主傘、吊索、補助傘、縛帯、傘嚢よりなり、これに携帯嚢一個がつく。

●二号サルバトール式落下傘（同乗者用）

陸軍は昭和二～三年頃から二座席の八七式重爆撃機や八八式偵察機を装備するようになったが、これには操縦者と共に機内作業をする同乗者や偵察員も乗りこむことになる。ところが操縦者と同じ腰掛式落下傘を使用すると、同乗者の機内作業や機体に装備している航空機銃の操作、写真撮影などがどうしてもおろそかになりがちである。

これを解消するため、同乗者用の落下傘を探したところ、イタリア空軍が使用しているサルバトール式落下傘が適当であるという情報が入り、さっそく取りよせてテストしてみた結果、これを採用することに決定した。

サルバトール落下傘は、イタリアでは操縦者や同乗者兼用のもので、装着形式は腹帯式、開傘方式は手動と自動式である。落下傘は背負式で、落下傘嚢は幅広のベルトで背から胸へと固定されている。縛帯はなくこのベルトの金具により着脱は可能で、落下傘そのものはやや扁平型だが、降下中半球型となり軽量で背負っていてもそう邪魔にはならない。

陸軍はこのサルバトール落下傘を同乗者用として採用して使用していたが、装着方法などを改修して配備することになり、二号サルバトール落下傘となって、爆撃機や偵察機の同乗者に支給された。

この二号サルバトールは背負式であったが背の落下傘は軽く、そうかさばらないところから、機内の作業や機銃操作にもあまり支障はなかった。二号サルバトール式の開傘は手動、自動とも開傘でき、その操作方法は自動曳索のナス鐶を機体の一部に連結した後、機体から飛び出して降下するもので、曳索は飛び出したあとは切れてしまい、無事に降下できる。

●九二式一号落下傘（操縦者用）

九二式一号落下傘は、操縦者用として制式になった落下傘で、昭和七年一号アービング式を改良し、胸もとに縛帯の瞬間離脱金具をつけて降下着地後、素早く落下傘の離脱ができるようにしたものである。

そのため、米国製アービング式の腰掛式の基本をそのまま取り入れ、他の装具部分は日本人の体系に合わせて改良をほどこし、操作性を良好にしたものである。

九二式一号落下傘はただちに陸軍に採用され、昭和七年末期から陸軍航空部隊に支給、昭和八年の熱河作戦に使用された。

●九二式二号落下傘（同乗者用）

操縦者用一号落下傘と共に同乗者用落下傘も開発された。これは二号サルバトール落下傘を修正したもので、背負式だったのを胸掛け式に改良、縛帯上部に落下傘を取りつける鈎フ

(右)九二式一号落下傘を装着した操縦者
(左)九二式二号落下傘を手に持つ同乗者偵察員

九二式二号落下傘

まるいリングが特徴である九五式落下傘の縛帯を体に取り付けたパイロットたち

ックを装置したものである。
九二式二号縛帯の特色として離脱器の下にバンド用の丸いリングがつく。二号サルバトール式は背負式のため同乗者の機内作業がやや不便なのを、これを着脱胸かけ式にあらためたことにより、機内でも落下傘を着脱して作業し、いざという時にこれを胸につけて降下することができる。

●九五式落下傘（操縦者用）
九五式落下傘は主に操縦者用の腰掛式落下傘でこれまでの九二式一号は縛帯と固定式なため取りはずしできず、不便だったのを同乗者用落下傘にならい固定式から着脱式に改良したものである。

これまでの操縦者用は操縦者が機内では座布団かわりに使用していたが、機外に出ても腰下についていたため、機外の行動にやや不便を感じていたものであった。傘嚢着脱式となったため縛帯形状がかわり、それまでの縛帯には脚帯がついていたが、九五式では脚帯は傘嚢自体に結ばれ、腰から前にのびた脚帯の金具が胸の離脱器下部に装着する構造となっている。

また傘嚢中間連接帯にはD鐶、手動索取付帯は長さ五五センチとなり、その一端を傘嚢底外側に縫着され外面に手動索入れと曳索鐶がつき、末端には縛帯の連接帯と結ぶ金具がつく。

このため縛帯だけ体につけた場合は、前から肩に鐶がついた帯と胸部に離脱器がついた帯だけが見えるが、縛帯に吊帯と傘嚢をつけた場合はすぐ搭乗して飛び立てるスタイルになる。

●九七式落下傘（操縦者用）

九七式落下傘は昭和十二年に操縦者用落下傘として採用され、日華事変から太平洋戦争末期まで広く使用された秀れた落下傘である。

九七式落下傘は主傘、補助傘、開傘装置、縛帯などからなり、その特徴は、九二式落下傘の傘体面積四四平方メートルを小さくし、降下速度をほぼ六・五メートル／秒と従来のものと同様な降下速度を維持できるようにしたことである。

先の九五式が九二式落下傘とその装備方法が少し異なったため、操縦者たちに違和感があったと思われる。

それを修正するため、新たに九二式一号落下傘を基本に改良を実施、体と縛帯、傘嚢が開

87 救命具落下傘

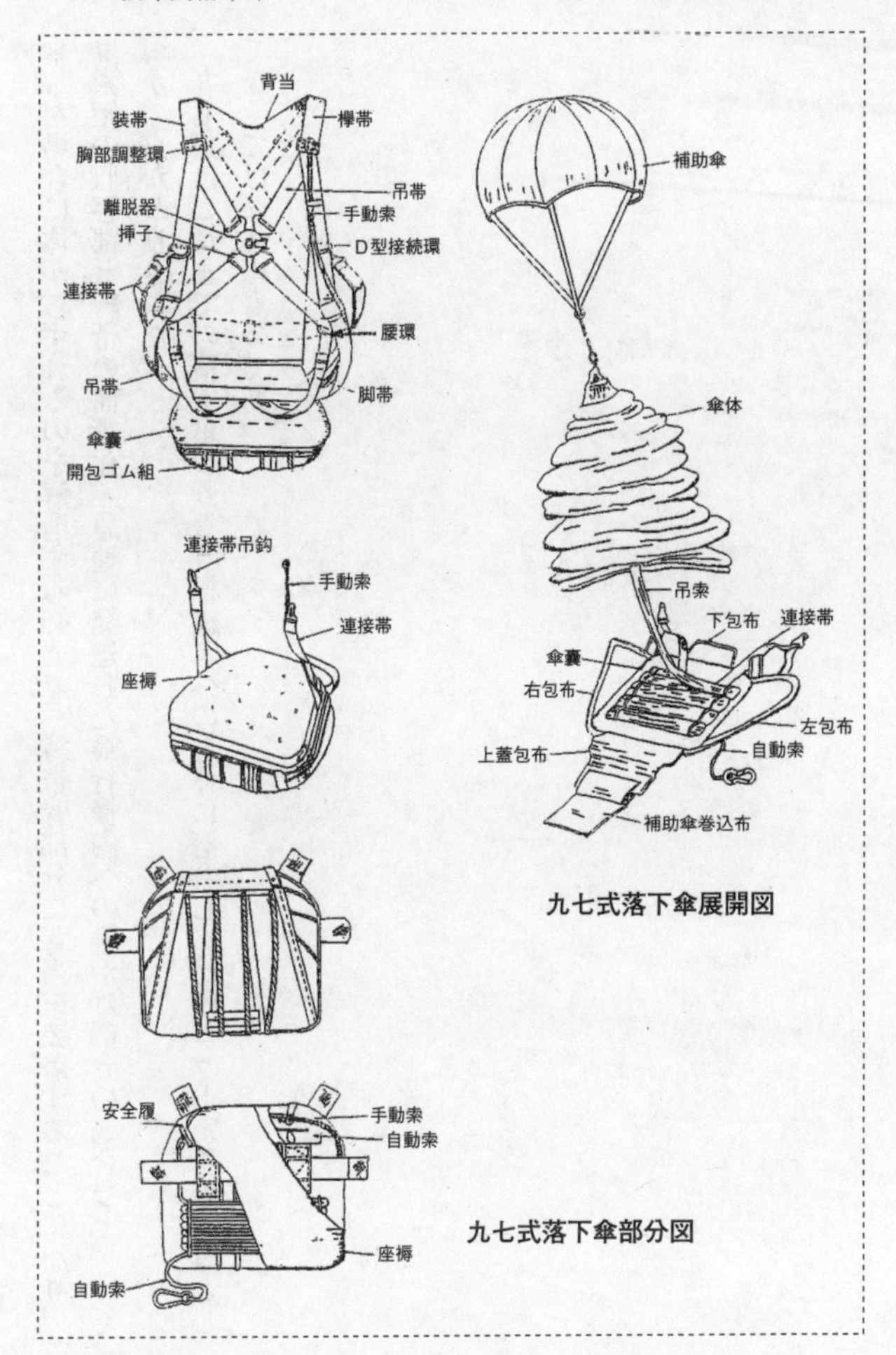

九七式落下傘展開図

九七式落下傘部分図

傘した場合に体からずれるのを解消する必要で、縛帯背部分に背当を装着することになり、曳索鐶の収容部と縛帯の簡素化、急速に発達した飛行機内への腰かけ部分の適合など、いくつかの点が改良された。

九七式はこれまでの落下傘よりも、操縦者への身体に適合し、パイロットたちの装具としてなくてはならぬものであった。

らく号

●拳銃と手榴弾が主力の空挺隊にいかに重火器を持たせるか

軽いケースに重装備を

〝らく号兵器〟とは落下傘のら、空挺のくの頭文字を取って名づけた「陸軍空挺兵器研究」の名称である。

陸軍落下傘部隊用の装備兵器に対する研究が進められたのは、昭和十六年初頭のことである。九州の唐瀬原に落ちついた落下傘部隊に念願の空挺用一式落下傘が配備された。

この頃、降下服、降下帽、降下靴などの特殊被服も完成していたが、降下時に携行する兵器については陸軍技術本部で研究が進められているのみで、実戦部隊には装備されてなかった。

しかし、降下部隊ではせめて主力小銃だけでも持って降下したいという思いがあるものの、一メートルあまりの小銃を身につけたのでは傘の開傘時にからみつくおそれがあるとして、小銃の携帯は断念し降下時は身を守る拳銃と手榴弾、短剣までとし、小銃以上の火器は物料箱に収めて物料落下傘をつけて重爆撃機から投下することになったのである。

物料箱は収容する物によって、一号箱から六号箱までの六種類があり、その中で一番多いのが一号箱で、これ一箱に歩兵一個分隊の装備品、すなわち軽機関銃一梃、小銃数梃、弾薬がおさめられていた。

この空挺用兵器と投下用物料箱の研究は、パレンバン作戦以前から「らく号兵器」という落下傘部隊の略称をつけて発足し、軍事秘密として関係者と陸軍技術本部第一研究所が担当して進行していた。

この物料箱には兵器区分があり、銃器、火砲、測機、通信器材、弾薬から後には衛生材料、糧食、水なども収容可能な物料箱も製作した。

物料箱はファイバー製で軽く、内部には木綿地を張ってショック防止につとめ、箱の背には丸味を帯びた木を設置している。また物料箱は重爆撃機の爆弾倉に入れるため大きさも制限され、三〇キロと五〇キロの二種類にした。

この物料箱と投下用の物料傘は藤倉工業で製造され、物料傘には木綿地をもちいていたが人体用と異なり索や傘体が引っかかることがなく、開傘率は良好だった。

落下傘部隊によるパレンバン作戦が功を奏したのにともない、陸軍技術本部も本格的に空挺用兵器の開発を行なうことになった。これには専用の「テラ銃」や百式機関短銃などもあったが、火力不足を補うため火砲も加えることになった。
このらく号火砲は空輸挺身隊用として特別な設計のもとに開発されたもので、六号物料箱および七号物料箱に収容し、空輸の上投下してただちに戦闘行動に移るよう、特に収容法と分解結合を容易にしたものである。らく号火砲には次の四種がある。
らく号三七ミリ砲（九四式三七ミリ砲）
らく号一式三七ミリ砲
九二式歩兵砲Ⅱ型
九七式曲射歩兵砲（迫撃砲）
これら四種の火砲は、空挺用として空輸を主体として開発されたため、特に分解結合がすばやくでき、かつ物料箱に入れて輸送機か爆撃機の爆弾倉に収容、投下可能としたものであった。そのため火砲構造にも機能を落とさないように独自な工夫がこらされていた。

空挺用〝対戦車&歩兵砲〟
●らく号三七ミリ砲
本砲は対戦車射撃を主任務とする火砲で、砲身は九四式三七ミリ砲と同様なものをもちい、揺架と駐退復座機は復座力を軽減したため、一式三七ミリ砲のものを使用して組み合わせ、大架や照準機、後部の駐鋤は狙撃砲のものを改修して取りつけた火砲である。

空挺火砲の特色は、物料箱に収容できる様に簡素化し、各部分の分解結合を容易にできるように折りたたみ式に、脚も握把部を引きつけて一八〇度回すと簡単に分離ができるなどの工夫をこらした。

また防楯は二つ折りに、車輪は中に丸い大小の板バネを組み合わせて構成されており、収容にはこれを二つ折りにして収め、投下後これを取り出して組み立て、これに揺架および駐退復座機、接続架や大架、高低、方向照準機を、砲をのせて防楯を設置すれば、ただちに戦闘に応ずることが可能であった。

●らく号一式三七ミリ砲

本砲は、九四式三七ミリ砲を基に対戦車性能を進歩させた火砲として、砲身および揺架を改良、新徹甲弾を使用できるように修正したもので、少数が生産されていた。らく号一式三七ミリ砲はこの砲を利用、空挺投下できるように改良をほどこしたものである。

らく号一式三七ミリ砲も、前のらく号三七ミリ砲と同様に、揺架、駐退復座機、接続架や大架、車輪なども前者と同じ改造形式を採用、また防楯も同じ二つ折りとした。

ただし、前者の三七ミリ砲が各種の火砲部分を利用して開発されたのに対し、らく号一式三七ミリ砲は、ちょうど完成されていた試製一式三七ミリ砲を応用して、空挺用に物料箱に収容可能なように改良された。

この砲は対戦車能力を期待して初速増大をはかったものの思いどおりのびず、また試験中トラブルがあったこともあり、そのためらく号一式三七ミリ砲に採用されたものであろう。

なお、らく号一式三七ミリ砲は、前の三七ミリ砲よりも砲身が若干長めで、砲の後座長は五〇〇ミリから五二〇ミリを標準とした。車輪は二つ割で収納し、この結合部分に白エナメルを塗布し、位置を確認できるようにした。

●九二式歩兵砲Ⅱ型

らく号九二式歩兵砲Ⅱ型は、九二式歩兵砲を基にその機能を損なうことなく、物料箱に入れて空輪可能な様に砲架、照準機、脚などを分解または二つ折りにしたもので、防楯も小型化されて折りたたみ式に改造された。

車輪はらく号三七ミリ砲や、一式三七ミリ砲と共通する車輪を採用した。

これに附属する属品箱は砲四門に一組割りあて、各部品は他の火砲のものを応用した。

●九七式曲射歩兵砲（迫撃砲）

この砲は歩兵砲といっても九二式歩兵砲の型式とは異なり、床板をもった迫撃砲である。砲は砲身、脚、照準機、床板で構成され、曲射弾道をもつ操作性も楽な兵器として、空挺部隊に採用されることになった。

(上)海軍落下傘兵と九四式三七ミリ速射砲。(下)九二式歩兵砲

迫撃砲は簡単に分解、結合ができるため六号箱に入れて空輸できるようにしたが、床板と脚が意外とかさばり、これを改修することとした。脚は投下ショックで破損するおそれがあるとされ、これを強加簡素化し、直接ふれないよう各部分に緩衝具を入れた。

特に砲の収容、取り出しを考慮し、箱の横部を開放し、上部を半開きにして、投下後の組み立て操作性を重視

（上）らく号三七ミリ砲。（下）物料箱に収まった同砲

したものである。

らく号兵器の物料箱収容に対しては、収納した兵器相互の衝突や中に入れる緩衝具の配置などもあったが、もっとも重要な点は箱の重心位置を確認することで、これにより落下速度と地形により、収納箱に受けるショックを柔らげ、中のらく号兵器の損傷を防止した。

また弾薬は、リュックサック式の弾薬背負袋に入れて二式二号箱に収納し、投下、降下後は各砲ごとにこれを背負い、ただちに戦闘行動に移れることとした。

このらく号兵器は、空挺部隊に大きく期待されたが、各試験の結果、簡素化と軽量を重視したため、機能不充分とされた。

実際にはらく号火砲を投下活用するような戦局にめぐまれず、昭和十九年末、レイテ作戦に降下した高千穂挺進隊も百式機関短銃や小銃のみで、火砲は使用しなかった。

オランダ軍への初使用

昭和十八年中期から、陸軍にロケット推進による噴進砲研究が急速に高まり、陸軍でも各種の噴進砲が開発された。

その翌年に小型な九センチ噴進砲が作られ、これを空挺隊の兵器として採用する方向へと動き、Ⅰ型、Ⅱ型、Ⅲ型の三種が試作された。Ⅰ型とⅡ型は砲身長六〇センチ、Ⅲ型は一八〇センチである。筒はⅠ型とⅢ型は円筒型、Ⅱ型はU型で射撃テストは夕弾と榴弾で共に一〇〇メートルの的に対して実施されたが、砲身長六〇センチでは精度不良で、噴進弾のため砲口を離れる時、ガス圧により方向高低に偏位が生じ、また命中率も良くなかった。

そのため、この脚や照準器、砲身の安定度などを修正して、後に口径九センチ、全長一二〇センチの噴進砲を製作したが、結局空挺部隊の主要兵器とはならず、昭和二十年五月沖縄の飛行場奪回を目的として飛び立った義烈空挺隊にもこの噴進砲は装備されず、その攻撃計画表にも名の記載はない。

一方、海軍でもヨーロッパ戦線におけるドイツ落下傘部隊の活躍を知り、これを研究する必要をみとめ、昭和十五年十月「第一〇〇一実験」と称して発足した。

当初は落下傘降下に適する落下傘はなく、偵察者用のものを使用して訓練を行なったが、その後これを改良した一式落下傘が、その後は一式落下傘特型が主装備となった。

兵器は、三八式騎銃や軽機関銃、拳銃、手榴弾などで、他に三七ミリ速射砲や百式機関短銃なども考慮したが初期の降下作戦には間に合わなかった。

海軍空挺用火砲としては、陸軍から供給された九四式三七ミリ速射砲を早くから陸戦隊兵器として採用していて、対戦車能力もあるため空挺用には最適とされ、館山の海軍砲術学校や上海特別陸戦隊では、連日激しい訓練が行なわれていた。

九四式三七ミリ速射砲は、海軍空挺用に小改良されたが、陸軍の「らく号火砲」のように車輪や脚を改良されたものではなく、外形的にはそのままであった。昭和十六年十月下旬から十一月中旬の間に、陸戦兵器梱包として航空技術廠の協力を得て次のものを製作したが、一部は開戦まで間に合わなかった。

輸送機から投下する兵器梱包は、第一から第九梱包まで九種類作られ、そのうち第六梱包は速射砲用、第七梱包は速射砲弾用とされていた。

昭和十七年一月十一日、セレベス島メナドに横須賀鎮守府第一特別陸戦隊が降下を行なったが、兵器梱包はあまり投下できず、九四式速射砲は、実際の投下梱包には入れず、速射砲隊の一部は飛行艇でトンダノ湖に着水、ただちにオランダ軍の水上基地に砲撃を加えた。

海軍落下傘部隊の速射砲隊員は、主に速射砲と機銃の両立訓練を受けており、メナド攻略戦では速射砲小隊は三隊に分かれて降下、上陸し、九四式速射砲を手に入れて戦った。

海軍の装備した九四式三七ミリ速射砲は、陸軍と同様なもので、上海事変で陸戦隊が使用していたのは初期の車輪が鋼板でできたものであった。しかし、空挺隊用には通常の車輪を持つタイプであり、基本的な砲の性能は変わらない。弾種は九四式徹甲弾、九四式榴弾、一三式榴弾の三種で、落下傘部隊の速射砲隊では徹甲弾と特殊榴弾を装備していたと記述にある。

迫撃砲で〝対空射撃〟

海軍陸戦隊は陸戦兵器の一部として、三式八センチ迫撃砲を採用していた。この迫撃砲は三主要部に分解でき、しかも携行も便利なことと、陸戦隊では迫撃砲の操作も行なっていることから、これを空挺用兵器として取り入れることになった。

砲は照準などが入った携帯箱と、脚架、砲身、底板からなり、これは射手以下三名で携行できる。

弾薬は通常榴弾のほか阻塞弾と照明弾の三種で榴弾は通常の羽根付きのものであったが、阻塞弾と照明弾は共に小型パラシュート付き特殊弾である。

榴弾は普通の地上戦闘として発射し、敵の陣地の制圧や、上陸してくる敵を阻止するのに

（上）三式八センチ迫撃砲を操作中の海軍落下傘兵
（下）射撃訓練中の九四式三七ミリ速射砲

かっこうの兵器である。阻塞弾と照明弾の形状は通常の迫撃砲弾と大きく異なり、五〇センチほどの長いもので、共に地上戦ではなく、低空で飛来攻撃してくる米軍機に対抗する対空用のものだった。

海軍落下傘部隊も、セレベス島メナドの降下作戦や、チモール島クーパンの飛行場降下では、共に空中降下を行なっていたが、戦局が悪化してくると、降下作戦を展開することはなくなり、精鋭部隊も陸戦隊となって南方の島々に配備され、攻めよせる米軍の海兵隊相手に戦うことをよぎなくされた。

落下傘部隊も、三式八センチ迫撃砲を採用した当初は、九四式三七ミリ砲は投下梱包に入れることはむずかしいが、迫撃砲ならば三つに分解して一つの梱包に収納することができること、投下してもただちに砲を組み立てて戦闘に参加することが可能なため、また弾薬も小型でこれもリュックサック状の弾薬嚢を背おって砲と共に行動ができ、敵を食い止める兵器としては最適のものだった。

しかし、島々の防御戦となり、地上戦と共に上空から機銃弾や爆弾を投下する米軍機に対する方法が考えられ、その結果、生まれたのが迫撃砲でも発射できる阻塞弾と照明弾であった。

阻塞弾の発射は角度八〇度で約一三〇〇メートル、七〇～六〇度で一〇〇〇メートル、五〇度で高度七〇〇メートルで、低空でくる米軍機に発射し、弾は空中で落下傘を開き、米軍機に引っかかった時、約六〇秒で自爆する能力を持ち、米軍の頭上や進行方向に発進する。

また照明弾も夜間攻撃する飛行機に向けて高度八〇〇メートル、放出一八秒、照明秒時は約五〇秒、敵機を照らして味方の高射砲や対空機銃の的となるように考えられた迫撃砲弾であった。

南方地上戦に参加した海軍落下傘部隊の対空迫撃攻撃は、米軍機に対してどのような効果を挙げたものだろうか、戦果は不明である。

地雷探知機

●静かなる戦い――「地雷ハンター」工兵の必需品

戦場の障害物を除去せよ

戦場にある障害は、単に天然自然の障害物ばかりでなく、敵が人工的に構成する障害がある。この人工障害物は、天然障害などを利用して、その威力を増加させようとこころみられるものが多いので、その種類も一定していない。まず常識的に大別すると、次のように分類することができる。

一、鉄条網およびその他の障害物
二、戦車障害物
三、地雷または水雷

これらの障害物も、戦場に登場した時はまだほんの初歩的なものであったが、ヨーロッパでの戦争や第一次大戦の西部や東部戦線を体験してくると、戦闘方法が変化進歩するにともなって、しだいに複雑化してくるようになった。

したがって、これを捜索、排除するのは非常にむずかしくなってきた。

昭和七年の第一次上海事変で、陸軍工兵の「爆弾三勇士」が破壊した鉄条網は単純な障害物であったが、やはり決死の作業を必要とした。さらに昭和十四年のノモンハン事件や、太平洋戦争へ推移すると、大陸での障害物とことなり、南方戦線でアメリカやイギリス軍が構成した障害物に対しては、決死の精神のみではとうてい破壊不可能であって、合理的に使用される近代工兵器材が必要となった。

障害物偵察用器材は近接戦闘器材ともいい、敵前数百メートル以内の至近距離で、敵弾下における戦闘のため諸作業に使用する兵器であった。これらは、次の障害物偵察、近迫、障害物破壊および通過、特殊火点などの制圧などをおこなう。

障害物は、敵の進撃を阻止しようとする自然障害を利用し、または人為の術工物で、ふうは鉄条網や防材、壕や要所に設置した地雷、ブービートラップなどをいう。

これらの障害物は、肉眼や空中写真によって、おおむね所在がわかるが、電流鉄条網や地雷などは、ふつうの手段では発見困難である。こんな障害物に不意に遭遇すると処置にこまり、部隊の進撃がにぶるため、前もって対応手段を講じる必要があり、進む地域を偵察しておかなければならない。

戦場行動において、もっともやっかいな障害物は「地雷」である。これは敵の近迫を妨害阻止するために使用するもので、防御的器材のひとつである。地雷は秘匿容易で設置時間が短く、かつ威力甚大という特色があり、もっとも優秀な障害物ともいえる。

地雷の構造は千差万別で、目的により戦車や車両を破壊する対戦車地雷と、人馬殺傷用の対人地雷にわけられる。作動構造からは触発と視発とに分類され、触発地雷は直接ふれると自動的に爆発する。これには、地雷を踏んだ時にその圧力で働くものと、触角を引いたり倒したりすると働くものの二種がある。

また視発地雷は、敵が近づくと人為的に作動させるもので、一種の仕掛け地雷である。これらの地雷は昭和七年の第一次上海事変から登場し、日本軍をあわてさせた。

最先端技術の地雷探知機

中国軍は上海事変と翌八年の熱河作戦に地雷を使用した。陸軍ではその対策が必要となり、地雷探知機を研究、開発することになる。

これは地雷を電気式に探知する方法をもちいたもので、真空管を使用して発振回路の一部に金属部分を近づけると、周波数が変化し、これを音にかえて耳で探知する。九八式地雷探知機として工兵に配備したが、その電気器材が重くて取り扱いも不便なため、改良することになった。

（上）中国軍の対戦車地雷。（下）地雷探知棒を使用した工兵隊の地雷発掘訓練

陸軍科学研究所が改修につとめた結果、地雷を感知した出力をメーターにかえて探知する方法を採用、これが百式地雷探知機となった。

しかし、昭和十二年に日華事変が勃発し、大陸での戦場が広くなってくると、日本軍の進撃を阻止するため、中国軍のトーチカや防御陣地のあちこちに中国軍特有の手榴弾や爆薬などを利用した応急的な埋没地雷にひっかかり、日本軍の指揮車や物資輸送の車両が損傷をうけることが多くなった。これにはどうにもならなかった。

広大な戦場では、とても電気式の地雷探知機では間にあわなかったのである。もともと地下に埋設されている地雷を探知し、これを排除することは現在でもむずかしい。

これに対処するには、棒の先端に針金をつけた〝地雷探知棒〟を製作して、敵前でこれを地面に突きさして進むという方法がもっとも確実性があった。第二次大戦のヨーロッパ戦線でも、連合軍がナイフや銃剣の先で地面を探知する写真があるが、このような方法が地道ながら地雷処理のもっとも良い方法であった。

実際に日本軍が戦場で掘り起こした中国軍の地雷は多種多様で、応急的なものが多かった。また、地雷も金属性のものから爆薬を陶器でつつんだもの、平らな対戦車地雷も発見されており、これらを発見するには、原始的ながら、かんたんな地雷探知棒がもっとも効果を発揮し、大きな被害を食いとめることができた。

●二式地雷探知機

昭和十六年十二月、太平洋戦争に突入すると、大陸の戦場から南方戦線へ変わっていくことになる。とくにマレー作戦では、英・オーストラリア軍の防御はかたく、進攻作戦には慎重さがもとめられた。

こうした情況をもとに生まれたのが二式地雷探知機である。とくにイギリス軍の地雷は鋭敏で、その構造機能もすぐれていた。それらを戦場で使用するであろうと予測された。

開発した二式地雷探知機は、電源と発振装置が収容されている本体と、手でもって地面をさがす捜索線輪、属品と予備品からなる。電源収容箱の大きさは長さ約二四センチ、高さ約一九センチ、幅一三センチのアルミニウム箱におさまり、これをキャンバス製でつつみ、携行しやすいように背負いひもとバンドがついていて、背負うか腰につけて操作できた。

本体横に電源開閉機と探知線輪の接続プラグがあり、発振装置は真空管一コをセットする。電源には乾電池を用い、心線電源には一五ボルト二コ、陽極電源は四五ボルト一コ。出力調整器は二〇オームの可変抵抗器で、これを操作調節により出力を変えることができた。

地雷の捜索線輪は「天眼鏡」とも呼ばれ、銅線かアルミニウム線をまいた線輪に、長さ三〇センチのアルミ管がついている。地雷の探知方法は、敵の敷設しそうな所、戦車の通過しやすい個所を狙って捜索し、電磁誘導作用によって地雷があった場合は計器の針が震える。また、音を出して教える方式のもあった。

この輪の役目は、ホイーストーン・ブリッジ(電橋)とおなじ原理を応用したもので、捜索方法は、怪しいと思う地帯を蛇行するようにまんべんなく当ててみる。これは実際の戦場ではまだるっこしい感じがあったが、丹念にやることがもっとも効果的である。

夜間隠密作業では、計器に夜光塗料が塗ってあり、近くでも充分に感知することができた。

捜索方法は立姿で地面に平行に輪を当てるが、敵前下では伏姿で輪をみじかくして使用す

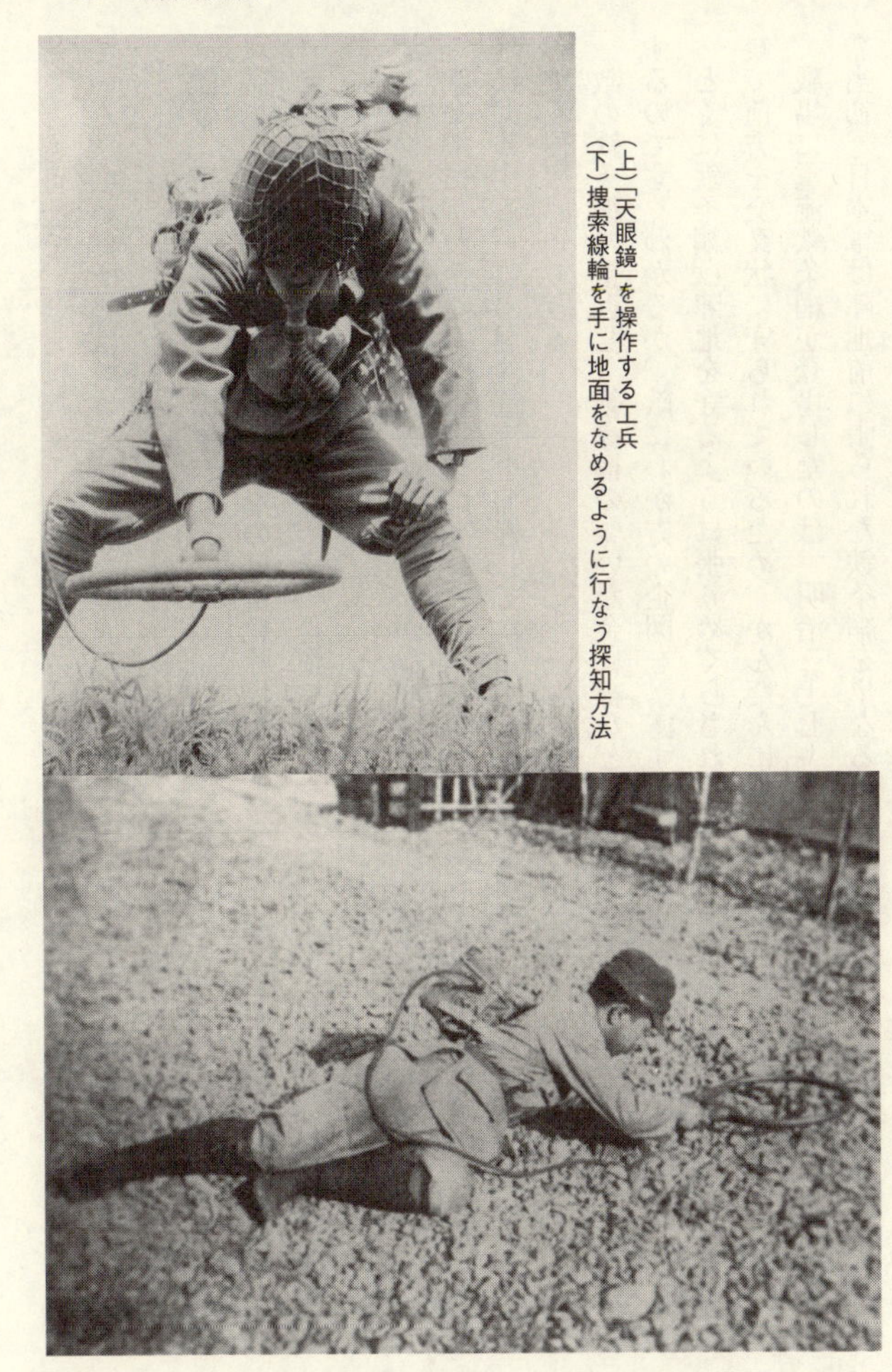

(上)「天眼鏡」を操作する工兵
(下)捜索線輪を手に地面をなめるように行なう探知方法

ることも可能で、通常は捜索手と助手が組み、発見した地雷を助手が処理をする方法をとっている。広い個所では数コの捜索班を編成して、地雷の排除につとめた。

難物「電化障害物」の出現

戦場の障害物でもっとも難物なのは電化障害物である。ふつうの鉄条網は敵の陣地やトーチカ、水際などに展張されるので、その位置や形状を視察できる。しかし、電化鉄条網は絶縁のために苦心して構成されていて、ふつうの鉄条網とことなる点がある。そのため、接近すれば発見も容易だが、遠方からではなかなか判断がつかない。

鉄条網にくわえる電圧は相当に高いので、わずかではあるが電流が広い範囲にわたって大地に漏洩する。この漏洩電流を捕捉して検知すると、鉄条網が電化されていることを遠方からでも偵察感知できる。

敵の鉄条網に接近し、絶縁柄のついた金属線などで鉄線部を大地に接触させれば火花を発するのですぐわかるが、敵にわが方の企図を暴露する欠点がある。

とくに鉄条網は陣地を守るように張りめぐらされ、また陣地の核心をなすトーチカや機関銃で前方を交叉状に守られているため、かんたんには鉄条網を破壊できない。

戦場に電流鉄条網が登場したのは、明治三十七～三十八年の日露戦争中期である。戦争勃発当初、日本軍は陣地前に張られた鉄条網を単なる障害物として破壊し、要塞攻撃をおこなっていたが、途中から電流鉄条網が登場すると、従来の肉弾攻撃ではとても要塞を攻め落とすことは不可能になってきた。

　当時、ヨーロッパではイギリスが電流鉄条網の研究をおこなっており、それの対策として防電衣なるものを試作研究していたので、イギリスを通じて、その処置方法を取りいれていた。

　この防電衣はゴムを素材として作られていたが、日本ではその形体を参考に石綿製を製作した。形状は頭にかぶるフードと上衣、手袋、ズボン、靴と、いずれも石綿製のぶ厚い格好である。

　日露戦争後に発行された当時の「軍事画報」には、これらの服装をした工兵が、手斧で鉄条網を破壊している画がのせられている。

　日露戦争時のロシア電流鉄条網の威力は不明だが、そう大きな電圧を使用していたわけでなく、日本軍の攻撃を予想した時や、夜間に電流を流していたとみえる。

　その後、日本軍では要塞や堡塁に張りめぐらされた鉄条網に対して極度に注意深くなり、心理作戦的にはロシア軍がまさっていた。

　旅順要塞は、ロシア要塞築城の名将といわれたコンドラチェンコ少将が設計しただけに、当時まだ研究段階であった電流鉄条網をいちはやく要塞防御として取り入れており、これに遭遇した日本軍の驚きは大きなものであった。

第一次大戦のヨーロッパ戦線では、ドイツ軍、連合軍ともに塹壕戦では通常の鉄条網と併用して電流鉄条網を使用したが、その規模も小さく、おたがいに大きな被害をうけることはなかった。しかし、この戦争によって、要塞や陣地防御には、かんたんに破られる障害物よりも、敵が難点とする電化障害物の方が有利とわかり、各国とも電流鉄条網を研究するようになっていく。

昭和期に入って、日本は昭和八年の第一次上海事変時に中国軍が電流鉄条網を展開していることを知り、これに対処するため、電化障害物を感知できる偵察器材を開発した。これが九八式高圧探知機である。

●九八式高圧探知機

上海事変における電流鉄条網の報告は、ただちに陸軍上層部に伝えられた。先の日露戦争でその事実はあったものの、これに対する研究がすすんでいなかったことから、昭和九年九月、陸軍工兵学校から電化障害物に対する要望があいつぎ、陸軍技術本部は陸軍科学研究所と合同で研究、電化偵察器材として「九八式高圧探知機」を開発した。

九八式高圧探知機取扱法には、次のように記されている。

「九八式高圧探知機は電化障害物に対する偵察器材にして、中距離より間接に電化障害物の有無、ならびにその位置を探知するにもちいる。本機は電化障害物より発する磁束を測定す

九八式高圧探知機

ることにより、電化の有無を判断し、数ヵ所における測定結果を綜合して、その位置を判定するもので、最大探知距離は電化障害物の種類、広狭、電圧および土質により異なるも、状況有利な場合約二〇〇メートルが可能、磁束方向の測定は約一度である」

その構造は、探知線輪と増幅装置および属品や予備品からなり、探知線輪は電化物より発生する交番磁束によって電圧を誘起することができる。これには線輪目盛板がきざまれ、脚と背負い具がついている。探知線輪は丸い形状で、羅針盤と水準器がついている。

形状は外径約四二センチ、幅約二四センチの円形枠上に一重絹巻銅線をまき、これをフェルトでつつんで耐震性をあたえ、金属枠間に収めたもので、目盛板の回転板上に托架で固定する。羅針盤と水準器は線輪の位置標定に使用するもので、線輪の基部に取りつけている。

使用は、増幅装置によって探知線輪に誘起した電圧により生じる微小な電流を増幅し、これを耳にあてた受話器や検流計によって測定する。増幅器、電池箱や検流計、受話器などがついていた。

これの開設は、探知線輪を水平に地上に設置し、羅針の振止を解き、線輪を回転しつつ羅針方位を探知するもので、その方位決定に対しては、増幅器、電池箱や小銃なども線輪からできるかぎり離すことが求められた。

目盛板の固定板を圧下しつつ、これを回転して目盛0を回転板上の指標に合わせれば、線輪の軸方向は目盛りの0を指し、かつ羅針方位と直交する。探知はスイッチを接に入れ、転換器を出力に切り換えて、じょじょに線輪をまわして出力計の読み位置、または受話器の聴音を固定板目盛で測定する。

こうして求めた角度は、羅針方位を基準とし、その点における水平磁束の最大方向を求めた。荷電探知法により敵の電化障害物の存在を確認し、これに対処する作業をおなうことができたのである。

火焔放射器

●敵を恐怖のどん底に落とし入れる工兵の奇襲兵器

対陣地用兵器

火焔放射器がはじめて戦場に登場したのは、第一次大戦中の一九一五年七月二十九日のことである。当時、ヨーロッパの西部戦線は敵味方共に膠着状態で、これを打破する方法として、ドイツ軍が開発した火焔放射器がフランスのヴェルダン要塞攻撃にもちいられた。

この時にドイツ軍が使用したのは、大型の携行用と小型の携帯用放射器の二種で、この火焔奇襲により、幅約八〇〇メートルにわたる連合軍の前線を掃討し、そこを守備していたイギリス軍を一時恐怖のどん底に落とし入れた。

最初に火の洗礼を受けたイギリス軍は、火焔そのものの被害よりも、精神的な打撃の方が大きかった。

ドイツ軍の携帯用放射器は兵士一人で背負い操作するもので、携行用はこれより大型でボンベ状からホースを伸ばし、三〜五名で操作放射するものであり、第一次大戦ではその後の各戦線に多用されている。

西部戦線でイギリス陸軍は火焔放射に悩まされたが、その原理を知ると、自国でも火焔放射器を開発した。これはローレンス放射器という軽量背負い型と、大型携行用のヴィンセント放射器で、早速ドイツ軍に報復の火の雨を降らそうと計画した。

背負い式はドーナツ型のもので、後でドイツ軍もこの型式を真似て作り、第二次大戦でも使用した例がある。

一方、フランス軍も火焔放射器の効果を知り、背負い式のものを製作して陸軍に配備したが、実際は自国ではあまり使用せず、第一次大戦に派遣軍として参加したアメリカ軍に供与され、戦場で使用された。

火焔放射器の最も重要なのは、これに使用する火焔剤であり、当時は各国とも思い思いに色々な油が使われ、液体はおもに可燃性の物質と、比較的重くて火焔を持続させて飛ばす成分の混合物でなりたっていた。

この火焔剤の成分は、マズート油五〇パーセント、ケロシン二五パーセント、ベンジン二五パーセントからできているトヴァルニッキーシ混合物というのが一番すぐれており、燃えてもあまり高温を出さず、摂氏四五〇度以下で空中を飛ぶ際も安定し、火が消えることがなく、また取り扱いも容易だった。

第一次大戦時の効果では、火焔放射器は最初の戦闘時に多大の成果を収めたが、それによって戦局が大きく変化したわけではなく、心理的な戦場効果も少なくなっていった。

その理由は、火焔放射器は銃砲弾などで損傷しやすく、放射距離もあまり伸びず、また有効時間が短いうえに、装置が複雑でかさばっていたことがあげられる。

これらの欠点は当時の技術では解決できず、用法の戦術研究も不充分で、第一次大戦の戦場に登場した数もかぎられたものであった。火焔放射器は第一次大戦に現われた新兵器のうち、不成功な武器の一例であるといわれていたが、各国共に興味ある兵器として注目されていた。

試行錯誤の小型軽量化

我が国に火焔放射器が入ってきたのは、第一次大戦後、連合国がドイツの戦利兵器として戦勝国に配布したのがはじめてである。

日本も中国の青島でドイツ軍と戦ったが、極東基地のドイツ軍には火焔放射器の配備はなく、戦場でこれに合うことはなかった。しかし、日本はヨーロッパの戦場でのニュースを収集し、火焔放射器に大きな関心を持っていたが、陸軍の上層部ではこれに期待していなかったのが現状である。

日本にはフランス陸軍から送付されたものとフランス軍が戦場で捕獲したものが参考品と

して送られてきた。フランス軍のは軽背負い式のホルサン式、大型のチリオン式などがあり、ドイツの戦利品には背負い式ヴェクス型、中型のクレイフ型、大型のグロッフ型などがあった。

陸軍士官学校では、生徒教育用に参考外国兵器としてテストした結果、意外な効果があることがわかり、ドイツの携帯火焔放射器を参考に試作放射器を作り上げた。これは試作のみであったが、後の一号火焔放射器の基になったものである。

大正九年、陸軍工兵学校が近接戦にもちいる武器として取り上げ、〝陸戦では塹壕を巧みに利用して敵に近づくことが上手になったので、近距離に有効な武器もまた必要かくべからざるもの〟として、陸軍審査部（後の陸軍技術本部）に依頼、陸軍審査部が兵器研究方針にもとづいてこれの製作にあたったものである。

開発の主目的は「ガスの圧力により燃焼油液を放射し、敵の突撃を防止し、我が突撃を援助し、集落および森林等にいる敵に対し兵員および防護物を焼失するを目的とする」とあり、携帯放射器（当時発射器と呼ぶ）を開発した。これが一号火焔放射器で、油槽は楕円のタンクのボンベが一個つき、それに各圧力を示すメーターがつく。油槽とボンベは革ベルトで固定された背負い式のものである。

続いて二号火焔放射器も製作された。これは携行型と呼ばれ、炭酸ガスボンベはやや大型の細長い円筒型、油槽も鉄板製円筒型で、野戦の携行は二名の兵士が担架式にこれを運び、

一号火焔放射器の放射テスト

放射は目標近くまで運んでホースを伸ばして放射する。ホースと筒口パイプは長くしてあるが、着火方式は一号、二号共に同じ型式であった。

その直後に、大型火焔放射器も開発されている。これは携行型をやや大きくし、さらにもう一本のタンクと結び、圧縮不燃性ガスボンベもやや大型のものをもちいていた。これはホースと放射パイプも二倍から三倍に延長したものである。目的は陣地内への攻撃と構築物を焼き払うのを主とした。

この大型放射器は、第一次大戦に使用したドイツなどの大型火焔放射器を参考に作られ、射手は火炎の吹きかえしを防止するため、ゴムの長手袋を使用した。

この三種の火焔放射器はその後、当時の陸軍特種演習などで〝新兵器〟と呼ばれて登場したが、大型や携行型は取り扱いと携行不便のためか、工兵部隊に配置したまま後の野戦には登場しなかった。

かった。

●九三式火焔放射器

大正期に開発した一号および二号火焔放射器は昭和六年の満州事変に野戦工兵兵器として登場させたが、広大な野戦では火焔放射器の出番はなく、威力を発揮するまでにはいたらなかった。

しかし、この出動で火焔放射器は取り扱いが不便で容器が重いことなどが指摘され、もっと軽度な放射器に改良することになった。昭和七〜八年にかけて火焔放射器も新たに製作されることになり、こうして出来上がったのが九三式火焔放射器で、昭和九年に制式兵器に採用された。形式は背負い式で、二個の火焔剤容器と一個の圧縮不燃性ガスボンベからなり、ベルトで背負う。火焔放射の主とする攻撃威力の特徴は、次の三つの要素からなる。

一、瞬間に比較的広範囲にわたって強力なる熱を発生することによる殺傷焼夷効果

二、猛烈な炎と煙とで敵に精神的な打撃を与えること

三、狭い所、曲った間隙から内部や裏面に入りこむ火焔侵入効果

この火焔放射器の構造は、火焔を作るための燃料、燃料を放出させる装置（ポンプ機構）、放射する燃料に点火する装置からなり、油は着火性が良く高熱を出し、しかも火焔が長く伸び、かつ火焔の持続時間が長いものというのが火焔剤の大きな特徴であった。

火焔放射器で重要なのが、点火方式である。最初一号や二号放射器の場合は、筒口に火薬

（上）工兵学校における九三式火焔放射器の対トーチカ訓練
（下）中国戦線で敵陣地を攻撃する九三式火焔放射器

を入れた点火管を入れてコックを開き、紐を引いて点火する方式であったが、点火管の着火がむずかしく、九三式になって筒口をリボルバー形式とし、その中心にノズル（噴焔口）を設置した。

当初五発入れだった弾倉も一〇発入れとなってやや大きくなったが、点火管も薬莢形式となってその中心を撃つことにより、着火が楽となった。他に電池を入れた電気着火方式も研究されたが、野戦での操作には薬莢式の方が確実性があることが認められた。筒口の弾倉は右回りに回転し、もし不発であっても次の点火管を打つことにより着火ができる。

九三式火焔放射器は、昭和十二年の日華事変から工兵の特火点制圧兵器として、中国軍の陣地や建物によって射撃してくる敵兵には大きな効果があった。

九三式火焔放射器のデータは次の通り。

重量四四・五キログラム、油槽量一五リッター弱（重油、揮発油、石油の混合油）、最大射程二三～二七・四メートル

●百式火焔放射器

百式火焔放射器は、九三式火焔放射器を改良し、昭和十五（一九四〇）年に制式兵器に採用されたものである。形式は九三式を基本として作られたため、その形状に大きな差がないが、中国戦線ではタンクの素材が薄く、野戦行動や取り扱い不良による傷みが多かったため、

(上)工兵による百式火焔放射器の訓練
(下)コレヒドールで使用された百式火焔放射器

素材をやや厚く防弾効果も良くしたことから、九三式よりやや重量が増加した。

その反面、九三式の発射管を改良し、長さを短縮したのが百式の特徴で、他にタンクのバルブなどの形状が改良されている。

圧縮空気は空気ポンプで二五気圧、燃料はディーゼル油一、揮発油一の混合油をもちい、中国戦線の体験から特に寒冷時期や風雨が烈しい季節には、ディーゼル油一、揮発油三の割合で配合、野戦での着火度を良くしていた。また所によって、ディーゼル油が入手困難な場合、石油や機械油または魚油などの代用油をもちいることも可能であった。

火焔放射口のノズルは目標種類や射程放射時間を換えることができるノズル口径があり、七ミリ径は最大射程約二五メートル、放射時間約一〇秒で、五ミリ径は最大射程約二〇メートル、放射時間約一五秒で、共に二〇気圧であった。

百式火焔放射器が開発された時、このノズル口径はそのまま取り入れられ、七ミリ径は噴気口甲、五ミリ径は噴気口乙と呼ぶことになったが、構造的には九三式と同様だった。

「百式火焔放射器取扱法」には次のようにしるされている。

『百式火焔放射器は近接戦闘において、戦車および側防機能の制圧、要点奪取の援助または敵の逆襲を防止する等に使用するものとす。

本機は主として、圧縮空気により可燃性油液を射出し、点火せしめて火焔となすものにして、背負い式とし単独兵の使用に適す。

火焔の最大射程約二五メートル（噴気口甲の時）約二〇メートル（噴気口乙の時）。

火焔の最大幅、約三メートル。

射程時間約一〇秒（噴気口甲）、約一五秒（噴気口乙）、油液量約一一リッター、圧縮空気の量約四リッター（二〇気圧および二五気圧のもの）

装備重量約二三キログラム、全備重量約五一キログラム』

九三式火焔放射器は中国戦線で主に活用されたが、百式火焔放射器は昭和十七年にフィリピンのコレヒドール要塞攻撃に投入され、米、比軍の陣地制圧にもちいられた。

●空挺用火焔放射器

百式火焔放射器を分解・携帯可能としたのが落下傘部隊用に改良した火焔放射器である。空挺用兵器と投下物料箱の研究は、陸軍落下傘部隊が「らく号兵器」として行なっていたが、実際パレンバン作戦時、頼みにしていた兵器物料箱が離れて投下されたため、兵器を手にした者が少なく拳銃で戦った者が多かった。その戦訓から降下兵の火器携帯方法の一つとして、小銃や軽機関銃を分離して「銃袋」に入れる方法が考えられ、兵器を足につけた布製の銃袋が各種製作された。その中に火焔放射器を分解して降下した実例がある。

銃袋は筒型で二つの袋からなり、片足を筒に入れて降下時の兵器を固定する。銃は折りたたんでまとまるが、放射器の場合、油タンクや圧縮ボンベもあり、また発射ホースもあって降下時にはかさばって苦労したという。

この空挺用火焔放射器は、百式を改修してやや小型化し、発射管も短くしたものの、油タンクやボンベの大きさはそう変わらなかったが、敵陣の制圧や対銃眼の目つぶしにはかっこうの兵器であった。

陸軍落下傘部隊が使用した空挺用火焔放射器

形がややコンパクト化したものの、機能的には百式や九三式とそう変わるところはなく、「らく号兵器」として制式化され、投下用物料箱にも収容可能であった。放射器は携帯降下や物料箱収容のものでも、着地した場合は二名で素早く組み立て、即実戦に使えるよう訓練をおこたらなかった。

太平洋戦争に入った昭和十七年中期、南方では日本軍の快進撃が続いていたが、その一方、米軍やイギリス軍の反撃も予想された。

火焔放射器は、フィリピンやシンガポール攻略戦にも使用されたが、南方の要塞や堅固なトーチカ攻撃には、九三式や百式のような携帯火焔放射器では火焔の放射距離も限定していて、充分な成果はあげられないだろうという意見も陸軍内部から出ていた。

そして戦車攻撃にも利用できる火焔放射器が求められ、当時ドイツ軍が中型火焔放射器という携行用のものを採用しており、我が国でもこれを参考に威力ある火焔放射器を作ることになった。

ドイツ軍の火焔放射器は牽引式で二輪台車に搭載したもので、台車には燃料タンク、ポンプとエンジン入りの箱で、火焔噴射はエンジンによって作動、射程は二三〜三七メートルであった。

陸軍技術本部は早速これを参考に製作をし、四輪の小型車輪をつけた台車に大型のボンベを乗せた形式のものが出来上がった。

この中型火焔放射器での実験は、戦車攻撃には効果があり、また圧力が高く径が太ければ燃料消費が多量となり、一時的には驚くほど大きな火と射程が得られたが、放射時間が続かず、噴射する燃料も筒先で霧状になるなど、射程が短縮する結果となり、期待したドイツ式火焔放射器も実験のみで、制式兵器とはならなかった。

鉄条網鋏

●陣地を守る有刺鉄線を排除する工兵の必須アイテム

工兵対障害物の戦い

明治二十七年の日清戦争、同三十七年〜三十八年にかけての日露戦争でも外地の要塞や陣地攻撃の前には、これらを防御する障害物〝鉄条網〟がたちはだかっていた。

敵の陣地などに構成された鉄条網は、日清戦争時の障害物として使用されていたが、陣地前に点々と単なる針金を構成展開したにすぎなかった。

この針金式鉄条網は、日露戦争でも同様なものだったが、一八六七年にアメリカで有刺鉄線が発明された。この有刺鉄線は現在のものと同様で、バラのトゲをヒントに開発したものといわれている。

日露戦争時のロシア軍は早速これを軍用障害物として採用し、旅順の要塞地帯や陣地防御用に盛んに利用することになる。

日露戦争時の旅順要塞は、当時ロシアが一〇年の年月と数十億ルーブルの資材を投じて作り上げた戦略上最も重要な地点で、市街や港湾を抱き、二〇〇〜四〇〇メートルの高地がこれを囲み、自然の防御陣地としていた。

当時築城工事にかけては世界的有名であったロシア軍の総力をあげたもので、かの山、この丘といたるところに各種の砲台や建造物を築き、無数の巨砲、機関銃、小銃部隊を配置して各方面に射撃を可能にし、他に地雷、落とし穴、鉄条網など防御布陣を固めて、いかに精鋭な日本軍の突撃にも難攻不落の堅城なりと信じていたのである。

それに対し、旅順要塞に向かう日本軍の兵備は全般的に不充分であった。

旅順攻防戦に対するロシア軍の障害物情報はただちに内地にもたらされた。明治三十七年四月二日、大山巖参謀総長から寺内正毅陸軍大臣宛に次の通牒が出された。開戦となってからわずか二ヵ月後のことである。

「諸情報によればロシア軍は莫大な銅線を購入し、副防御（障害物）に使用すること明瞭にこれあり。これに対し我はこれを除去するの策を講ずる必要と存じ候に付、次の要領により鉄条鋏を急製し、各部隊へ支給相成度。新式のものを歩兵大隊に五〇〜一〇〇個、工兵大隊に六〇〜一二〇個、四月中に七二六〇個、五月中に三三〇〇個、交付順序は第一、第三、第四、近衛師団……」

新式の鉄条鋏というからにはこれまで使用していた旧式のものがあったはずである。だがこの鉄条鋏の要求はいかにもドロナワ式で、こんな膨大な数を一ヵ月そこらで作れるわけがない。大本営は、とりあえず各師団に二四〇個（各歩兵中隊に五個ずつ）という支給の示達を出した。

日露戦争では、この鉄条網というのが一番難物だったようである。

当時、この戦いに参加して『肉弾』を執筆した桜井忠温中尉は、次のように書いている。

工兵学校における鉄条網の切断訓練。刃部に布をまいて音をたてないようにしている

「予等は大孤山の麓にあって、攻撃に関するすべての準備を急いできた。殊に敵が副防御用中の最も有力なものとして頼んできた鉄条網、我が軍がかの棒杭とその鉄条網のためにいかに多くの生命が奪われたか。

見渡すかぎり一面の山稜は、大小高低を問わず、遠く望めば点線の如くに取り巻いているのは、即ち鉄条網である。我等はこれを踏み、これを壊して前進しなければならぬ。これを破壊するのは工兵の本務とはいえ、その人員に限りがあって、鉄条網にはほとんど限りはない。されば歩兵もまたこれの破壊に務めなければならなかった。

そこで我等は、大孤山の前岸を利用し鉄条網を仮設し工兵からその破壊法を教えられたりした。初めに鉄鋏隊が前進して直ちに鉄線を切る。続いて鋸の一隊が進んで杭をゆすって倒す。倒れなければ鋸で引き倒すという具合にして、この網の一部を破って突撃隊の進路を開くのである。

だがおそるべき機関銃の射線に守られていて、鉄条網破壊のために前進した我歩工兵の決死隊には、ほとんど生還者がなかった」

このように、鉄条網に突破口を開くには肉弾をもってしなければならなかったし、鉄条網が機関銃の火線と組み合わさっているのはもっとも効果的な戦術の一つであった。

これもロシア軍は初め単に針金を展張して構成していたため、日本軍もこれを破壊することができたが、中期から有刺鉄線を利用するようになったため、日本軍の破壊活動は非常に難行した。

旅順攻防戦で日本軍が使用した鉄条網鋏は一種の植木用に使用する位の金鋏で木の柄がついていた。これはロシア軍が装備していた鉄条網鋏より素材が悪く、切断時に手間取り機関銃の目標になったという。このようなことから期待したほど鉄条網の障害物排除は効果が挙がらなかったらしい。

より小型化をめざして

日露戦争は日本軍の勝利となって終わったが、その後、鉄条網鋏の改良はすっかり忘れ去られ、工兵が訓練などに使用するのみであった。

ところが、この鉄条網戦闘に対して大きな関心を寄せていた者がいた。それは日露戦争に観戦武官として参加していた外国の武官たちである。彼らは日露戦争でロシア軍や日本軍が使用した兵器、特に手榴弾や迫撃砲、鉄条網のことなどを逐一本国へ報告し、海外ではこれによって兵器研究を進めていた。

大正三（一九一四）年、第一次大戦が勃発、戦闘も初めは動きのある運動戦が多かったが、次第に戦線が膠着し、敵味方とも陣地戦を展開するようになった。この相対する陣地戦に鉄条網も防御戦術の一つとして大いに活用されることになる。

日本も連合軍の一員として、中国の青島に兵を進めるようになるが、この時の戦いではドイツ軍も陣地前に鉄条網を展張していたが大きな陣地攻防戦は少なく、日本軍も鉄条網鋏を使用するほどではなかったらしい。

この時、日本軍に工兵器材として装備されていた鉄条網鋏は日露戦争時よりやや進んでいたが鋏の材質などは変化なく、火砲威力によって青島戦に勝利を挙げたものである。

第一次大戦が終了し、日本にはフランスを通じ、ドイツ軍の鉄条網鋏およびイギリスのものなどが送られてきた。

これにより、日本陸軍はテコを利用した外国の鉄条網鋏に目を見張り、これを基に大正五年頃から試作に入り、七年頃になって一号鉄条鋏、二号鉄条鋏を開発、これが陸軍制式採用となった。日本では参考品として各種のものが送付されたが、イギリス軍のものを参考に製作したようである。

イギリス軍のものは二号鋏と呼ばれていたらしく、日本でもこれを基に二号鉄条鋏を制作したが、このタイプは刃部の欠損修理時に交換不備がおき、ついで一号鉄条網鋏を開発した際、旧型を二号に、新型を一号にあらためたものである。一号は刃部の交換は部分的にできるのに対し、二号はそのほとんどを交換しなければならないという違いがあった。

大正期は〝一号および二号鉄条鋏〟と呼ばれ鉄条網の〝網〟名がついていなかったが、その後に制式兵器となった「九三式両手鉄条網鋏」には網の名が入ることになる。

一号と二号鉄条鋏はシベリア出兵に送られたが、そこでは工兵も障害物排除作業はなく、国内での演習や訓練時に使用されていたが、昭和期に入って大きく変化することになった。

昭和六年九月、満州奉天付近で満鉄線路が爆破される事件をきっかけに、満州事変となって戦端が開かれた。翌七年には戦火は国際都市上海へ飛び火し、上海事変となって、中国軍と戦うようになる。

満州事変の戦闘では、工兵の鉄条鋏を使用する場はなかったが、上海に登場した中国軍の鉄条網や障害物には、日本軍も大いに悩まされた。

それというもの、当時上海にいた中国軍はドイツの軍事顧問団の指導を受けていたため、バリケード構築や鉄条網の展張なども近代化し、鉄条網の鉄線も材質が良く、日本軍が持つ一号や二号鉄条鋏では文字通り刃が立たない状態であった。この報告はただちに陸軍の上層部に伝えられた。

これにおどろいた陸軍は、急ぎ鉄条網鋏を改良することになり、その結果〝九三式鉄条網鋏〟が生まれ、工兵の制式兵器として配備されることになった。

九三式鉄条網鋏は、付属品をふくめて四一〇キログラム、その用途は径五・五ミリ以下の鋼、銅線の切断にもちい、また鉄条網の構築などに利用するものとなっている。これは前の一号および二号鉄条鋏の不備を修正改良し、それまでのヨーロッパ系形状をやめて、日本独自の形式としたものである。また従来の一号、二号鋏も形式を単一化してその装備取扱を便利にした。

この九三式鉄条網鋏は工兵の主要対障害物兵器として、昭和十二年に勃発した日華事変にも登場し、中国軍の設置した障害物を次々と破壊して陸軍の進撃や作戦に大きく寄与し、工兵の地位を高めたものである。

しかし、一方ではやや形が大きいため携行に不便さが目立つなど戦地からの苦情も出ていたのである。これに対し、内地の軍部はあまり重視していなかったが、工兵隊などの一部に

中国戦線で九三式鉄条網鋏を使用する工兵

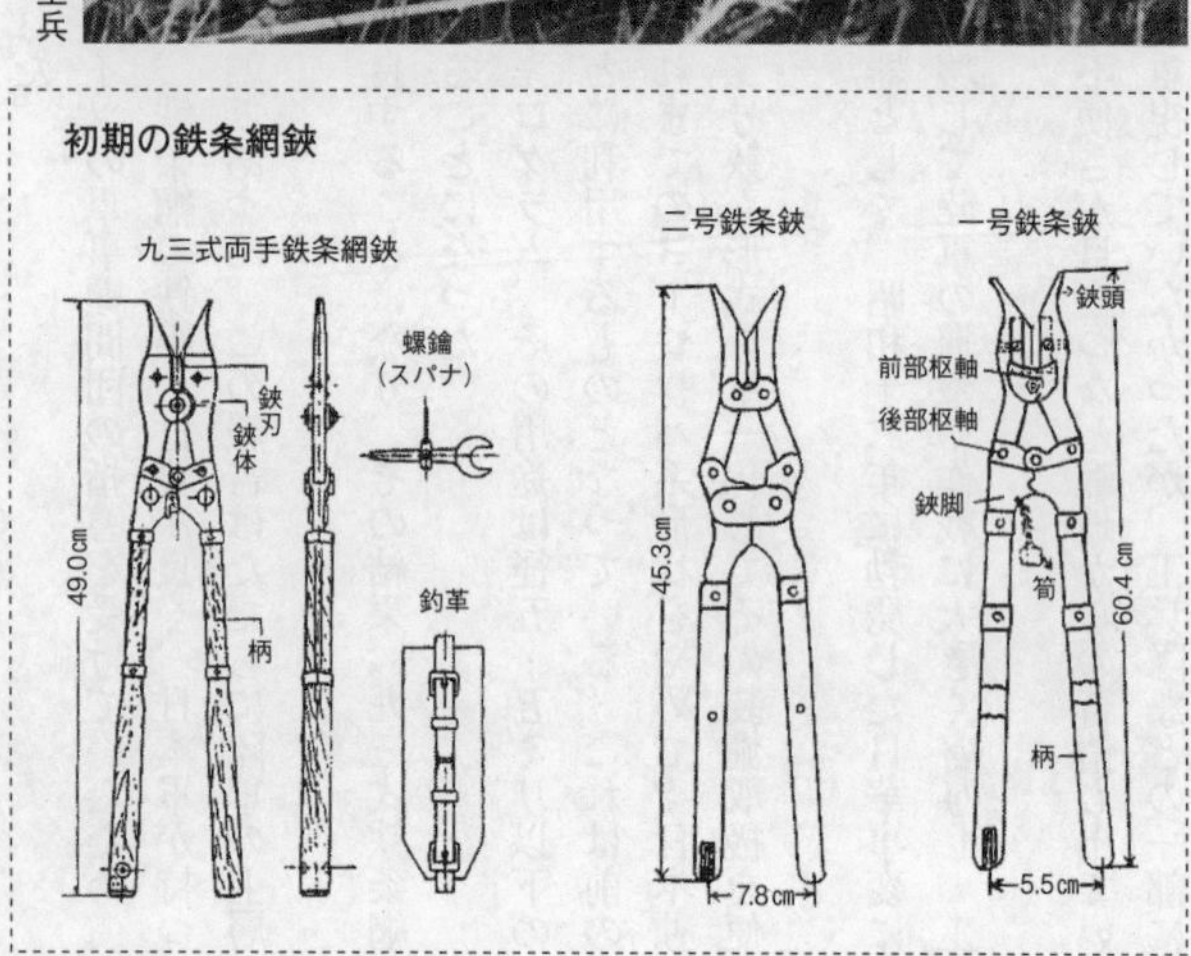

はこの不便さを取り除くため、金具部と柄の部分を分解して携行することをはじめ、九三式の小型化を計画していた。

だが、この小型化があくまで一部の隊が行なっていたのにすぎず、これが一般化して鉄条網鋏に変化をもたらすようになったのは、昭和十四年のノモンハン事件がきっかけになったからである。

ノモンハンのピアノ線

この紛争は、昭和十三年の七月、満州とソ連の国境、張鼓峰で日ソ両軍が衝突し、張鼓峰事件として拡大するように思われたが、日本、ソ連とも武力行使は差し止められ、事件として発展はなく終わってしまった。

しかし、この紛争は尾を引き、翌十四年には満蒙国境ノモンハンで日ソ両軍が衝突し、第一次ノモンハン事件となって本格的に武力衝突となって戦線は国境をはさんで拡大、ソ連軍は多量の戦車や狙撃師団を投入した。

このソ連戦車に対抗すべく日本戦車隊も出撃し、ノモンハンやハルハ河畔で連日はげしい激戦が続く中、ソ連軍は日本の戦車を消耗させる「消極的対戦車戦」を展開させた。これは陣地につとめて天然の障害物を利用すると共に、さらにこれに工事を加えて増強し、天然障害のないところには人工障害物を構築して堅固とする一方、障害の前後には必ず火器、特に対戦車火器や火砲を配置したものである。

それにくわえ、対戦車障害組織というのを作り、地雷地帯＝縦深八〇メートル、幅六〇〇メートル、密度一〇〇平方メートルに一個の地雷地帯を設けた。次に対戦車壕＝深さ三・五メートル、幅八メートル、積土一メートル。三つ目は鉄条網で、屋根形と蛇腹鉄条網、それにくわえ、初めて戦場に設置したピアノ線を利用した波形と輪形鉄条網である。

日本軍を困らせたのは、日本の戦車阻止のためピアノ線を活用したことにある。これはハルハの草原などに低く張られ、戦車内から見えにくい地形に展張されており、日本の戦車が通過すると切れて車輪にまきつき、からまって動きがにぶったのを見はからって対戦車砲で仕留めるという戦法である。

これまでピアノ線などの障害物に出遭ったことのない日本戦車もこれには手も足も出なかった。このピアノ線鉄条網に日本軍は困難な場に立たされた。ただちに内地に報告されたが、この問題は解決できず、ちょうど工兵学校で研究中だった各種の鉄条網鋏を急いで採用に踏み切ったのである。これには次のようなものがあった。

片手鉄条鋏＝片手で操作できる形式で、鉄条網を手前の刃部に入れ手元に引くだけで切断できるもの。

両手鉄条鋏＝九三式鉄条網鋏を改良したもの。

軽鉄条鋏＝これは九三式をさらにコンパクトにまとめたもので、携行便を考慮して柄を取

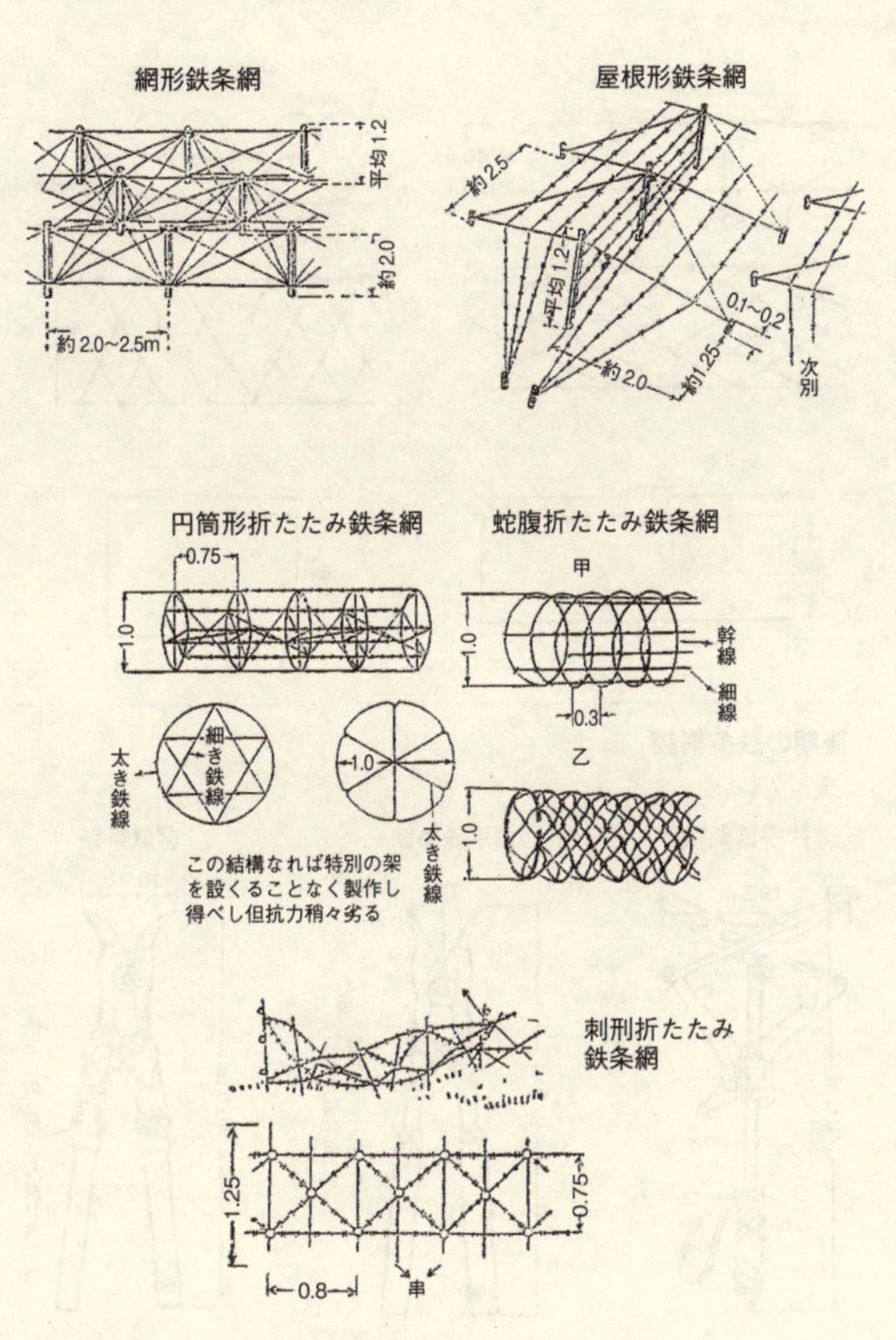
戦場で使われた多種鉄条網
網形鉄条網
平均1.2
約2.0
約2.0~2.5m
屋根形鉄条網
約2.5
平均1.2
0.1~0.2
約2.0
約1.25
次別
円筒形折たたみ鉄条網
0.75
1.0
細き鉄線
太き鉄線
1.0
太き鉄線
この結構なれば特別の架を設くることなく製作し得べし但抗力稍々劣る
蛇腹折たたみ鉄条網
甲
1.0
幹線
細線
0.3
乙
1.0
刺刑折たたみ鉄条網
1.25
0.75
0.8
串

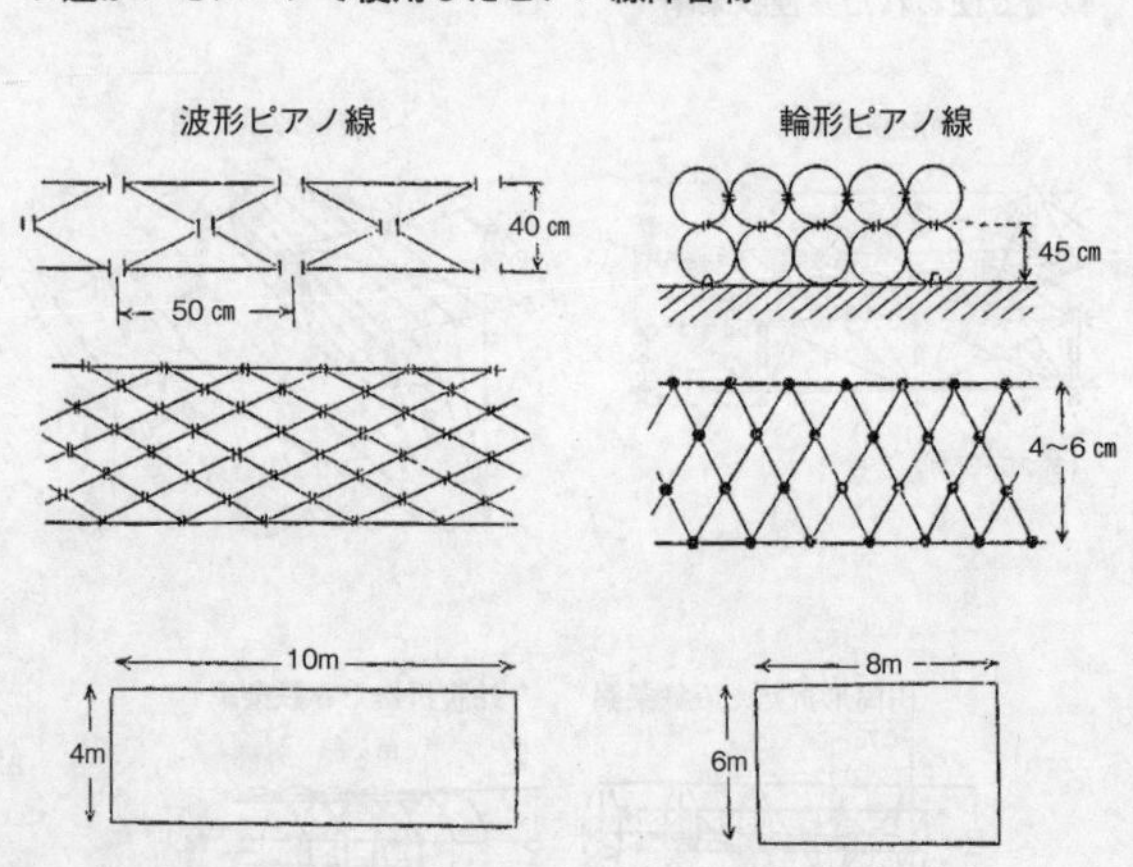
ソ連がノモンハンで使用したピアノ線障害物
波形ピアノ線
40 cm
50 cm
輪形ピアノ線
45 cm
4〜6 cm
10m
4m
8m
6m

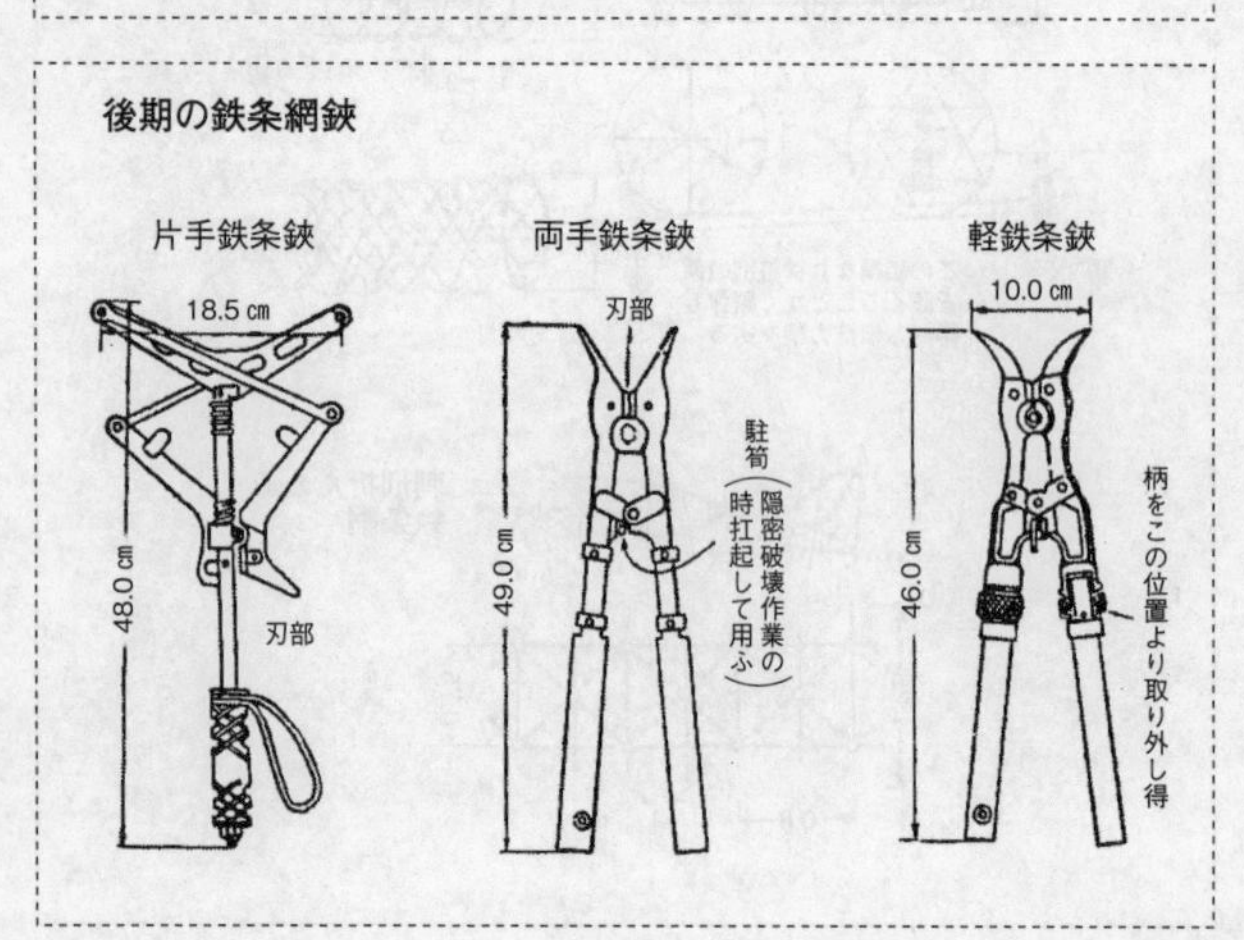
後期の鉄条網鋏
片手鉄条鋏
18.5 cm
48.0 cm
刃部
両手鉄条鋏
刃部
49.0 cm
駐筍
（隠密破壊作業の時扛起して用ふ）
軽鉄条鋏
10.0 cm
46.0 cm
柄をこの位置より取り外し得

りはずし可能にしたタイプである。

　また後に、軽鉄条鋏と両手鉄条鋏の良い所を取り、さらに携行の便利さを重視したものが開発された。この鉄条網鋏は「百式鉄条網鋏」と呼ばれたようである。

　しかし、これらの鉄条網鋏をもってしてもソ連のピアノ線鉄条網には歯が立たず、昭和十四年九月十五日、日ソ停戦協定が結ばれ、このノモンハン事件は終了した。

　日本の工兵部隊としては、このピアノ線をなんとかして破壊しようと研究を重ねたが、良いアイデアが浮かばず、くやしい思いをしたという。その後、戦争でピアノ線を使用した例はなく、当時ピアノ線は高価なものであっただけに、ソ連軍も日本軍との戦いに思い切って使ったものだろう。

　昭和十六年末から、太平洋戦争に突入し、陸軍の主力も南方戦線に投入された。昭和十七年はじめにフィリピンのマニラを占領、バターン半島攻略には、日本工兵隊に新しい鉄条網鋏が支給された。これは前の鉄条網鋏を改良して柄の部分を取りはずし可能としたものである。形式は従来のものと同じだが、ずっと小形化し、携帯や操作性を良くしたものであった。

　バターンやコレヒドール要塞には、幾重にも米軍の障害物が設けられ、特に屋根型鉄条網を破壊するには幾多の尊い犠牲がはらわれた。これを守る米軍側も必死の思いでバリケードを構築したものであろう。

和製Ｍ１ガーランド小銃

●長年の研究も実らず、不発に終わった日本の自動小銃

ペダーセン自動小銃

一九二〇年代の後半から、ヨーロッパやアメリカで小火器の自動化が進められており、各国はこれに注目していた。当時、アメリカでは従来のボルトアクションからセミ・オートマチックへの研究が進み、ペダーセンやガーランドがトライアルされており、これらが将来の軍用小銃になるのではないかと見られていた。

米陸軍大佐であったペダーセンが開発した自動装塡式小銃は、サブ・マシンガンのように一度引金を引けば連続発射する方式とは異なり、一発ごとに引金を引く機構であった。このタイプであると発射反動が弱く、射手の肩に対するショックが少ないので、次発の照準が容易となり、結果的に最も発射速度が早くなる。

また射手は、一〇発の弾薬をはめた挿弾子を装塡すれば、一発ごとに引金を引くだけであ

る。

ちょうどこの頃、日本でも自動小銃の研究が始められ、アメリカの自動小銃トライアルに敗れたペダーセンは、アームストロング社を通じて売り込みにきた。この小銃は口径七ミリの小銃実包を用い、機能的には優秀で、固定弾倉に弾薬一〇発を二列に挿入するクリップ装塡方式を採用した半自動式のものであった。

陸軍技術本部は、ペダーセン自動小銃の優秀さを認め、自動小銃はこれに決まりかかったが、当時の日本軍小銃と騎銃の口径六・五ミリに変更しなければならなかった。その件を交渉したが、ペダーセンは口径七ミリを譲らなかった。結局、陸軍技術本部はペダーセンの自動装塡機構のパテントを買い求め、口径六・五ミリのセミ・オートマチック研究に役立てることにした。

陸軍の自動小銃開発は正式のものではなく、将来への研究にすぎないものであったが、昭和七年七月、とりあえず南部銃製作所、日本特殊鋼、東京瓦斯電気工業など部外に試作依頼する一方、東京工廠でも研究することになった。そのためサンプルには、ペダーセンとチェコ製のZH‐29自動小銃が選ばれた。

各メーカーに示された試作期間は、三ヵ月と短かった。まず南部銃製作所は、二種の試作銃を完成させた。最初のタイプは、ガス圧作動式機構を採用し、口径六・五ミリのボックス・マガジン式であった。

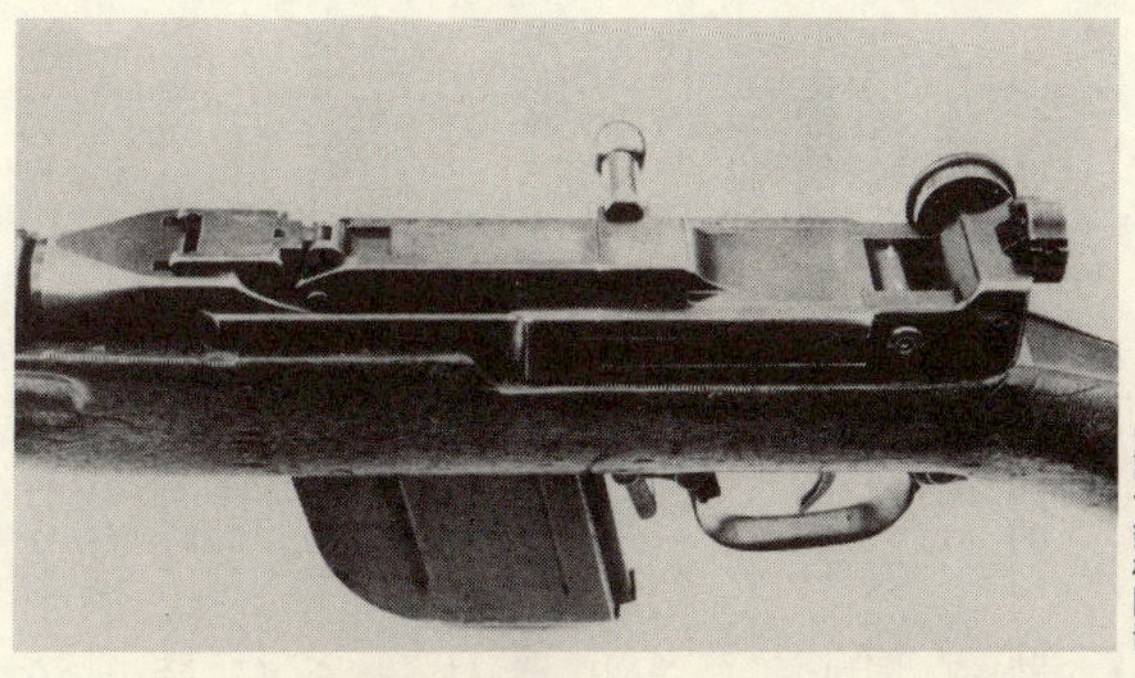

ペダーセン・タイプの試作銃機関部

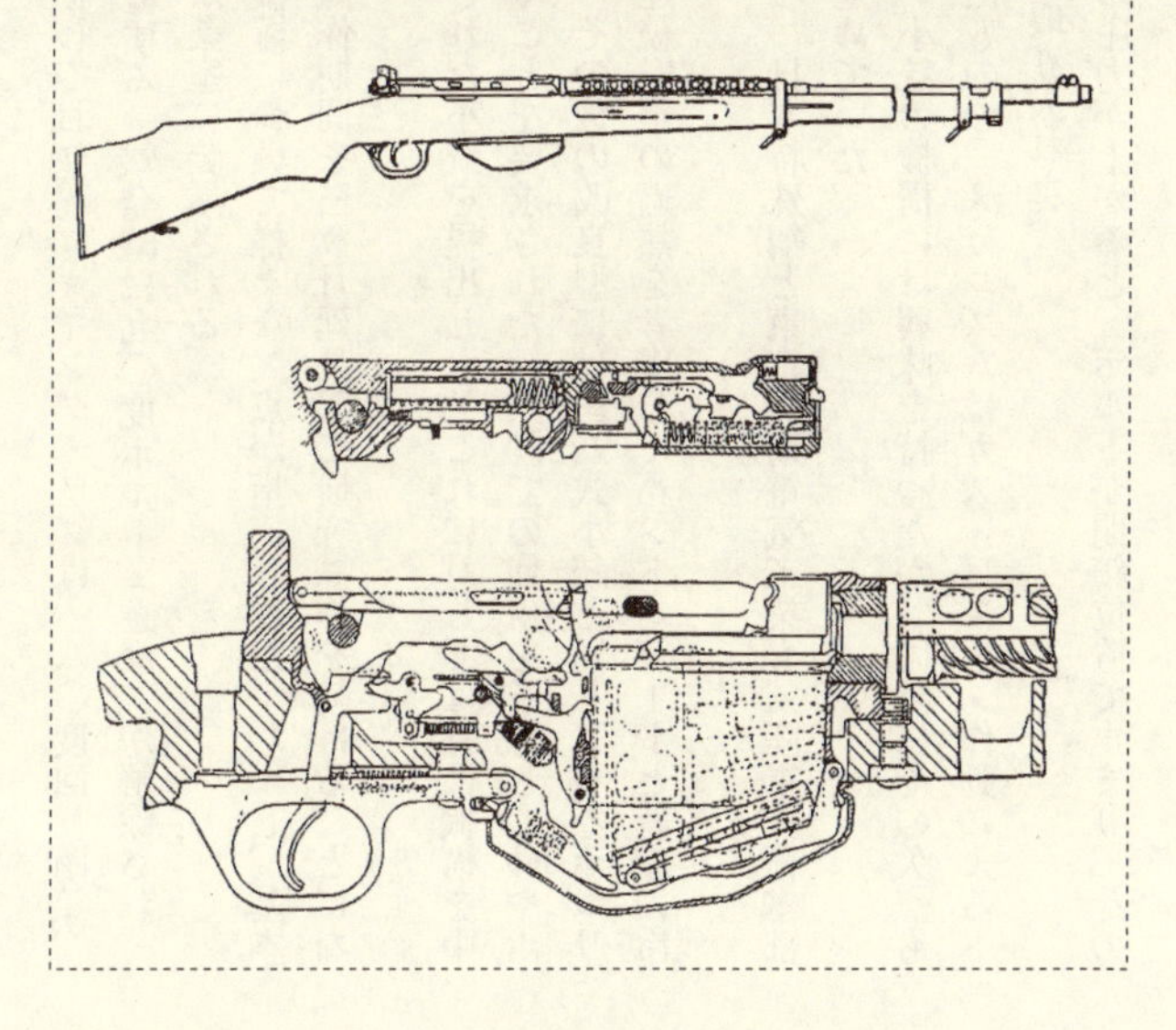

ペダーセン自動小銃（上）とペダーセン・タイプの試作銃機関部

この自動小銃は、製作が容易な機構をしており、ロッキング・ラグは一八〇度回転閉鎖、ガス・ピストンは銃身の右側上部に位置する。撃発時に九〇度ボルト（遊底）が解除され、空薬莢が蹴出されると同時に次発弾薬が薬室に装塡される。

小石川工廠でテストされ、特に作動機構について様々な欠点が指摘された。しかし、基本的な設計は有望とされたので、さらに試作期間を三ヵ月延長して研究試作を続けることになった。

その三ヵ月後、南部銃製作所は改良された小銃を提出した。これに対しては特に機構を中心にテストされ、作動機能を完璧にすることを要求された。大陸での使用を予想して砂やホコリの状況下でテストが行なわれたが、その後の改良型には三八式小銃と同じようなホコリ除けの遊底カバーが付けられ、さらに連続射撃の過熱を考慮してハンド・ガードと銃床に冷却穴を設ける改修も加えられた。

南部銃製作所が改良を続けているころ、日本特殊鋼と東京瓦斯電気工業も、陸軍技術本部から依頼された自動小銃の研究開発を進めていた。

日本特殊鋼の河村技師は、ペダーセン小銃の機構には興味を持ったが、同時にその欠点も知っていた。そこで外観的には踏襲したものの、メカニズムはガス・ピストン作動によるトグル・ジョイント（関節式遊底）機構を取り入れた。

この方式は、発射後にチャンバー内の圧力が上がると、ボルトが閉鎖位置で止まり、その

(上)日本特殊鋼製作の第4試作銃の2タイプ。上部は遊底開放時
(下)東京瓦斯電気工業製作の試作銃

後にピストンは引っ張られてスライドする。ピストン・ロッドは直径六ミリで、非常に軽量に作られていた。当時、ガス圧利用の半自動小銃は、圧縮のためガス・ピストンを採用していたが、その重量がかなり重く、それにともないほかの作動も妨げるという問題があった。

東京瓦斯電気工業での試作は、ZH-29の基本設計を尊重し、口径を六・五ミリとし、銃身や照準器などの改良を行なっただけであった。

また南部銃製作所は四番目となる試作銃を提出したが、シアー（逆鉤、次発のため撃針を止める機構）とハンマー（撃鉄）の機構が悪く、テスト中にケガをすることもあった。それでも陸軍の公式試験が近づいたため、これを修正して提出した。

昭和八年、日本特殊鋼の二銃、南部銃製作所と東京瓦斯電気工業の各一銃の計四梃で東京工廠においてトライアルが行なわれた。しかし、どの銃も機構に問題があり、トラブルが発生して失敗に終わった。

このテストを最後に、南部銃製作所と東京瓦斯電気工業は自動小銃開発から外れ、日本特殊鋼と陸軍がペダーセン銃を主体に東京工廠に研究させていた自動小銃が本命となった。この銃は、口径六・五ミリ、ペダーセン銃の一〇発装塡に対して五発装塡としたものだった。

昭和十年の評価テストには、ペダーセンやZH－29などのオリジナルも加わり、一二タイプが参加して行なわれた。このテストの結果は、はっきりしないが、陸軍技術本部は国産試作銃をピックアップして「甲」「乙」にまとめ、外国銃との比較データを公表している。

その後、自動小銃の研究は東京工廠製のペダーセン・タイプを主体に続けられ、テストもこれと日本特殊鋼の二つにしぼられ、数々の試験が行なわれたが、その決着はつかなかった。

陸軍技術本部は、ペダーセン・タイプを丙号自動小銃に分類して、部内に公開した。銃は三梃あり、一梃は旧式のもの、二梃は新式のもので、旧式は尾筒全体が露出したもの、新式は尾筒の下半部を銃床内に収めたもので、共にガス圧作動式、六・五ミリの実包を使用した。

弾倉は五発と一〇発の二種があり、所要に応じてどちらも使うことができた。旧式、新式どちらも着脱式の弾倉を使い、また銃剣を着剣して白兵戦にも使用可能であった。

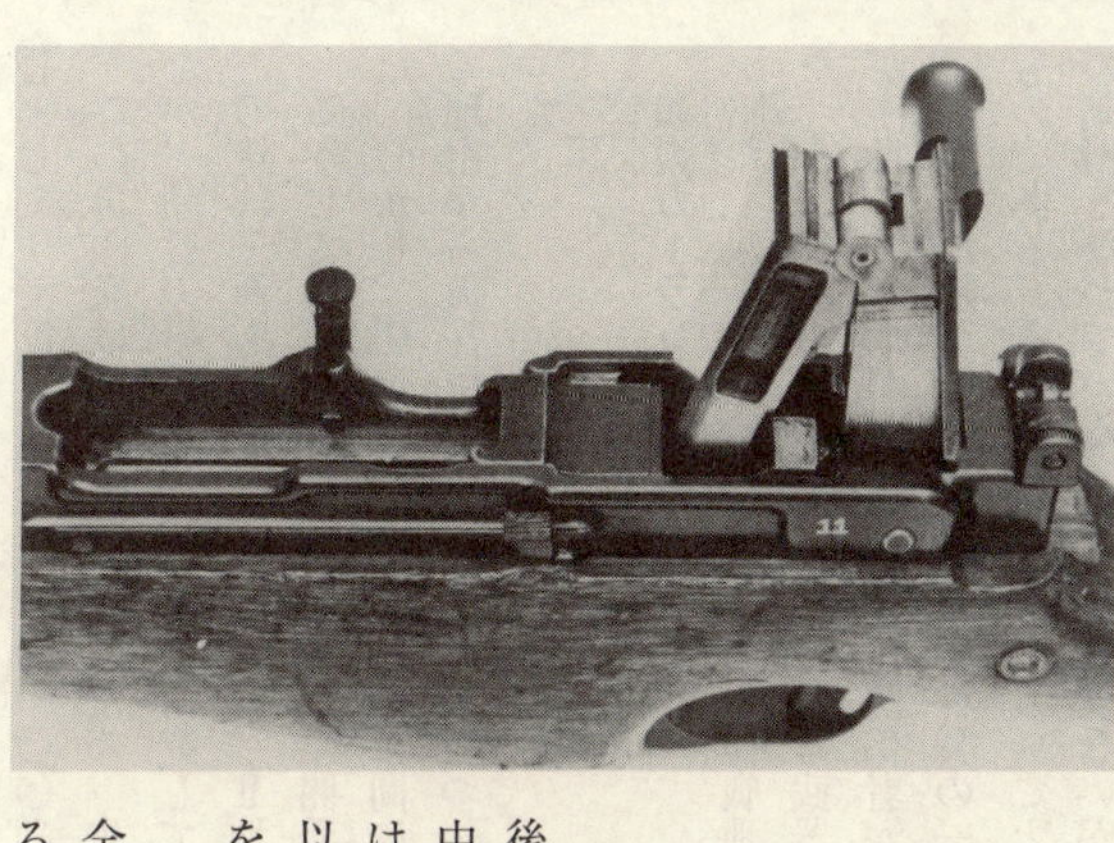

東京工廠製作の丙号自動小銃の機関部

丙号自動小銃データ
全　長　一〇六〇ミリ
銃身長　五九〇ミリ
全備重量　四・〇五〇キログラム
弾倉重量　一〇発用二二六グラム
　　　　　五発用一二六グラム
作動方式　ガス圧利用

昭和五年頃から続いた自動小銃の研究開発も、その後ほとんど進展を見ることなく停滞していた。しかし、中国戦線から太平洋戦争へと時局が切迫すると、陸軍は再度自動小銃に対して興味を示し、陸軍技術本部は以前のメーカー、陸軍第一研究所、小倉造兵廠に試作を依頼した。

要求性能は、口径七・七ミリ、重量三・七〜四キロ、全長一一〇〇ミリ、給弾方式は五〜一〇発挿弾子式あるいは着脱弾倉、単発式、発射速度毎分二〇〜三〇発、七・七ミリ実包と同一、照尺約一〇〇〇メートル、着剣可能などであった。

この再開発は試作期間が短いため、先の南部銃製作所と日本特殊鋼の小銃が高く評価されたが、諸般の事情からそれまで研究してきた丙号改良ペダーセン型を採用することになった。

この銃は三種あり、Ⅰ型は反動式、Ⅱ型はブローバック式、Ⅲ型はガス圧作動式であった。

こうして長い期間と費用をかけて開発されてきた自動小銃は、制式採用されるかと思われた。しかし、切迫した戦局にすぐに間に合わない、製造コストが従来の小銃の一・五倍などの理由から仮採用となったものの、ついにこの自動小銃は生産されることなく終わってしまった。

和製ガーランド四式小銃

昭和十八年初期、日本軍は南方作戦地域で米軍の主要小銃であるM1ガーランドを入手した。そして陸軍・海軍の工廠に参考武器として送られた。この半自動銃は、開発中から世界が注目していたが、日本の兵器関係者が実物を見るのは、これが初めてであった。

調査した陸軍第一技術研究所科長の一瀬渉大佐は、「本銃は米軍制式銃で世界的に有名なものである。その特徴は精度が良いこと、部品数が少ないこと、すなわち各部品が隣接機構の兼用となっている。部品数は少ないが、部品の形状・構造が複雑で、部品の製造は決して楽ではない欠点を有する」と述べている。

だが、その性能と構造は非常に良く、関係者を感嘆させるに十分であった。
当時、海軍では陸戦で使う小銃が不足しており、陸軍から購入した九九式小銃も十分に行きわたっていなかった。そこで館山海軍砲術学校研究部が主体となってガーランド銃の研究にあたり、これを海軍の小銃として整備することになった。

要望データ

口　径　七・七ミリ
重　量　四・〇七九キログラム
全　長　一〇七六ミリ
作動方式　ガス圧利用
弾　倉　固定弾倉一〇発装塡
発射速度　毎分一〇発
初　速　毎秒六八七メートル
最大照尺　一二〇〇メートル
特　徴　主要機構はガーランド自動小銃式を採用し、これを九九式小銃実包一〇発を装塡なし得るごとく、また落下傘部隊にも供し得るごとく折り畳み式に計画せるもの
用　途　狙撃用急襲兵器（人馬殺傷）

(上)ガーランド小銃〈上部〉と四式小銃
(下)ガーランド小銃〈上部〉と四式小銃の分解

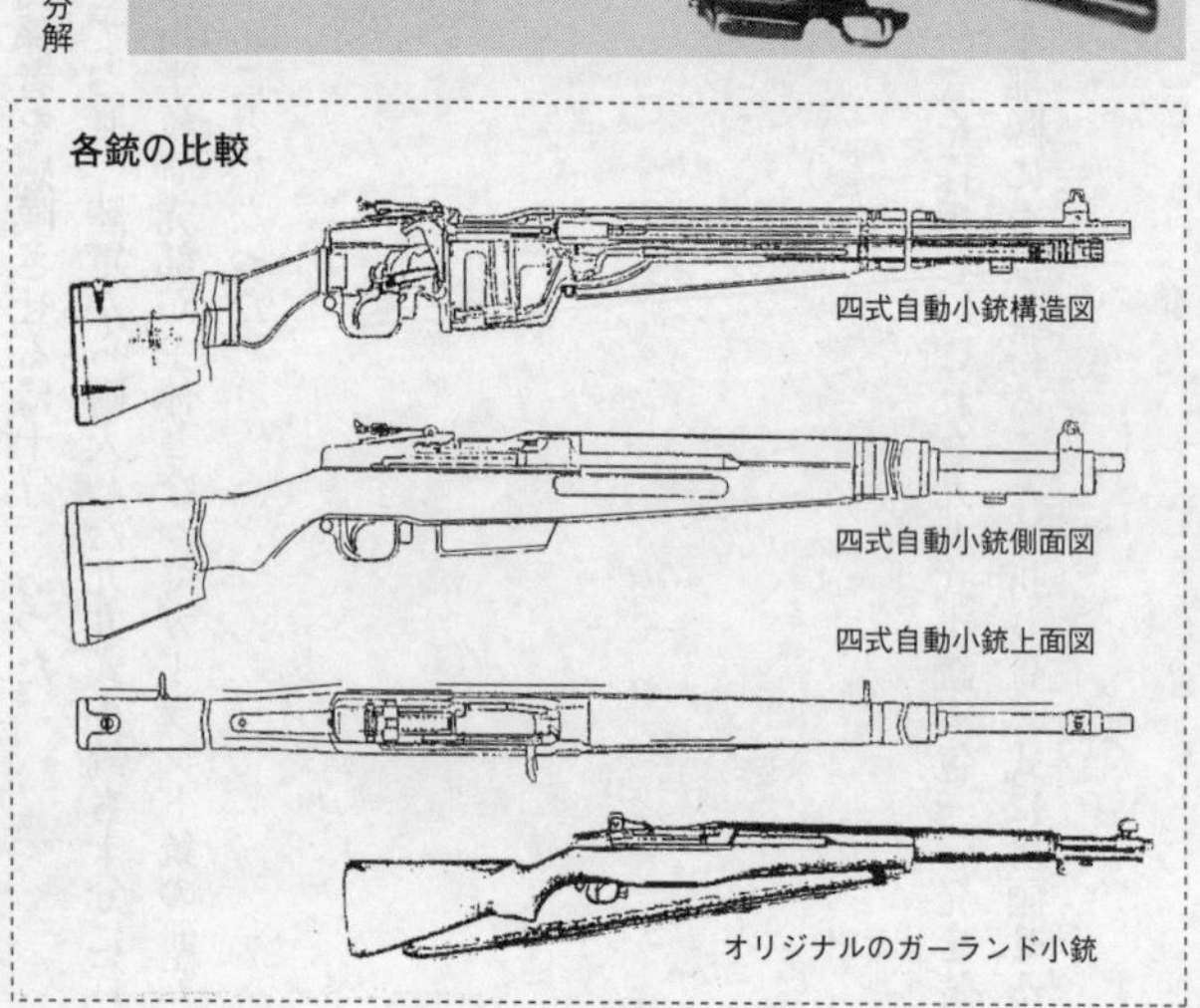

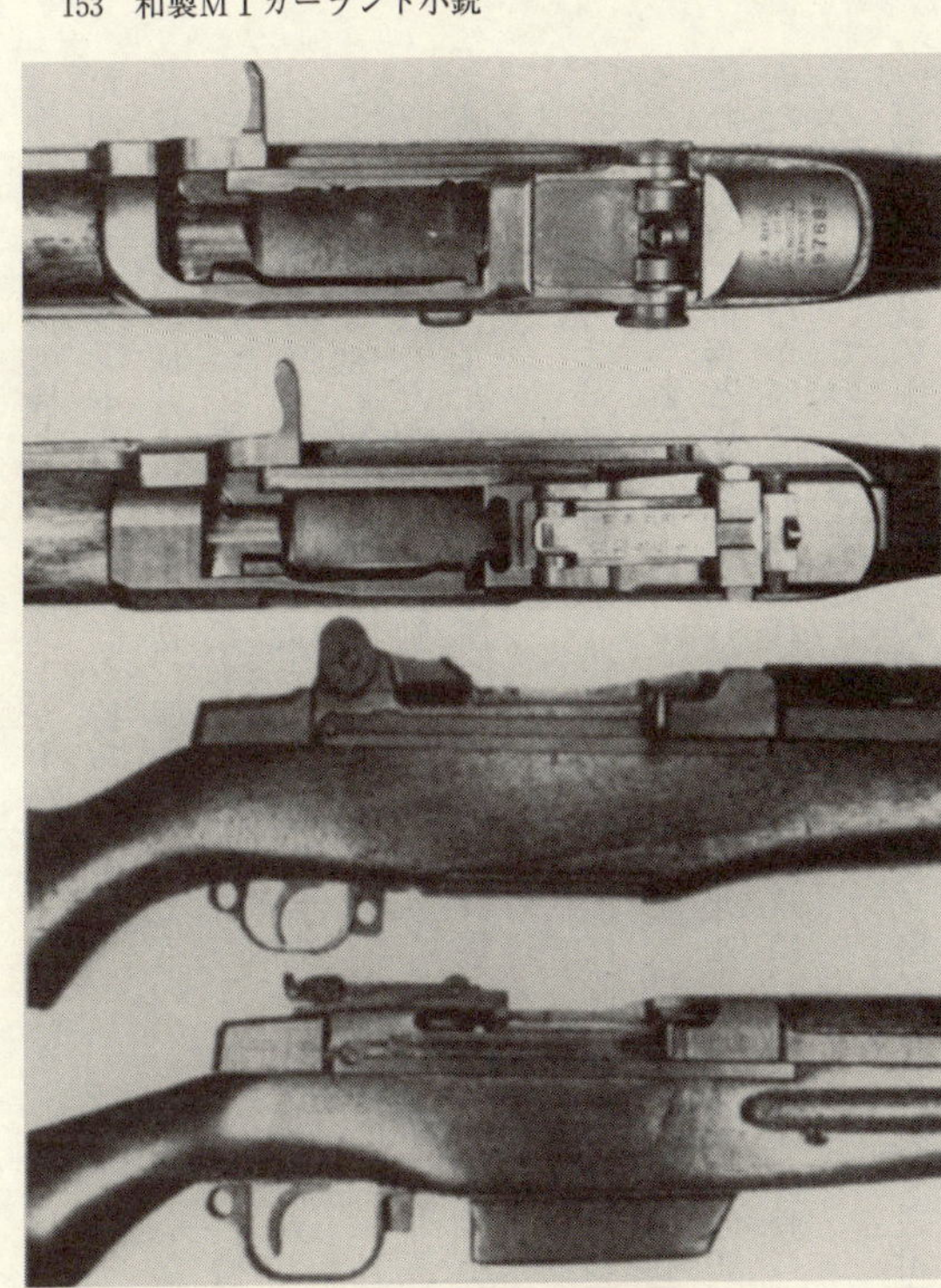

（上）ガーランド小銃〈上部〉と四式小銃の機関部上面比較
（下）ガーランド小銃〈上部〉と四式小銃の機関部側面比較

こうして和製ガーランドは、海軍の「陸戦兵器要目表」に載り、四式自動小銃として製作がスタートした。海軍当局はこの小銃の開発と量産について具体的な検討を行なったが、横須賀、呉、舞鶴などの海軍工廠は多忙で、自動小銃まで手が回らなかった。こうなると民間工場に依頼するしか手がない。

愛知にワシノ製機という機械メーカーがあり、海軍はそこの今村工場を軍需工場としていた関係でガーランド小銃製作の話を持ち込んだ。

ワシノ製機の横井工場長は最初、難色を示したものの、研究熱心な兵器製造のベテランだったので、新しい兵器開発に熱意をもって取り組むことになった。横須賀海軍工廠では、ガーランド小銃をもとにした改良策と独自の設計を加え、捕獲したガーランド小銃をサンプルとしてワシノ製機に試作するよう命じた。

ワシノ製機はただちに四式自動小銃の製作にあたり、昭和二十年五月、十九年度注文分が完成した際に、九九式小銃弾を使って、事前の射撃テストを行なったが、回転不良を起こしてしまった。

おそらく原因は、使用弾薬か、銃身の先端下部に置かれたガス筒の調整がうまく行かなかったものと推測される。ガーランド小銃の半自動式は、発射ガスを利用して槓桿を動かし、これによって排莢と次弾装塡を行なうもので、九九式実包は米軍の30－06弾より弱装弾であるため適合しなかったとも思われる。それと同時に、後退機能作動に必要なガス量や復座バネの特性についての研究も不足していた。

試製四式小銃のトラブルは、ただちに横須賀工廠に報告され、設計変更されることになったが、その対策もないまま終戦を迎え、結局、二五〇梃ほど作られただけで終わってしまった。なお、この四式自動小銃はワシノ製機だけでなく、現在、陸上自衛隊の小銃を製作している豊和工業でも製作していた。

四式自動小銃の外観は、ガーランド小銃に似ているが、照準器と弾倉部が異なっている。

ガーランド小銃の照準器は上下左右のクリック式であるが、四式小銃は照尺のみである。

またガーランド小銃は八発入クリップ装填式であるが、四式小銃は一〇発収容するため、弾倉部を伸ばして角張ったクリップ装填式となり、弾倉下部は引金框部と一体化されている。

ガス圧利用の機構はそのまま利用されているが、銃床尾に内蔵する手入用の油筒は省かれている。

四式自動小銃データ
口　径　七・七ミリ
全　長　一〇七三ミリ
銃身長　五八四ミリ
重　量　四キログラム
弾倉容量　一〇発
作動方式　ガス圧利用・半自動式（セミ・オートマチック）

三式中戦車

●マレーの教訓を活かした対シャーマン戦の主力戦車

再検討を迫られた装備火砲

我が国にある旧陸軍の戦車で、ほぼ完全な姿を見ることのできるのは、土浦にある陸上自衛隊武器学校に保管されている〝三式中戦車（チヌ）〟であろう。この三式中戦車は、太平洋戦争の初頭、フィリピンにおける「比島攻略作戦」の結果から、開発されたといってよい。

昭和十六年十二月、ハワイ真珠湾攻撃と共に比島作戦も決行された。上陸部隊はフィリピンのアパリに上陸を開始し、海岸に沿って進撃、午後にアパリ飛行場とムルニーガン飛行場を占領することができた。

比島作戦の本隊の上陸は、先遣隊の進攻がまず成功と見たので、第十四軍（本間雅晴中将）主力は、ルソン島を攻略するため兵力四万二〇〇〇名をひきいて八四隻の輸送船に搭乗、馬公を出発してリンガエン湾に進み、上陸作戦を敢行した。この上陸に対し米軍機が飛来、攻撃を受けたが、友軍機と船舶砲兵隊がこれに応戦、多少の被害はあったものの部隊は無事に上陸できた。

日本軍の第四十八師団の第一回上陸部隊は、リンガエン湾のアゴー付近に上陸して首都マニラに向けて進撃を開始した。次の第二波上陸部隊も同地域に上陸を敢行、この中に戦車第四連隊の一個中隊がこの梯団に配備されていた。

湾内の波浪が高く、戦車の揚陸作業はなかなか進まなかったが、やっと九五式軽戦車三両を陸揚げすることができた。この時、低空で飛んできた友軍の飛行機から通信筒で「敵戦車一五両が北進中」と情報を知らせてきた。

フィリピンの敵戦車といえば米比軍に装備されているM3軽戦車スチュワートのことである。小隊は九五式軽戦車でこれに対応するため海岸の防風林の南側に待機、まもなく数十両のM3軽戦車の姿がみえた。

光岡小隊長は二五〇メートルまでこれを引きつけて射撃を開始、この砲撃にM3も反撃、お互いに戦車砲を射撃、こちらの九五式軽戦車の砲弾はM3戦車にあたるが向こうはビクともしない。ようやく体当たりで相手を仕とめるという戦法でM3軽戦車を阻止することができたという。

このM3軽戦車を捕獲して、日本軍の戦車部隊の中に組みこんで使用することになったのだが、同じ軽戦車としては、あなどれない装備を持っていた。その装備は砲塔に三七ミリ砲一門と七・七ミリ機関銃三梃を持ち、比島の米比軍には約一〇〇両ほどのM3スチュワートが配備されていた。

これを迎え撃った戦車第四連隊の九五式軽戦車は、先頭車目がけて三七ミリ戦車砲の徹甲弾をあびせたが、いっこうに貫徹する様子はなく、逆にM3の撃つ砲弾によって九五式一両があっという間に破壊されてしまった。

この時の言葉に、「弾はあたりますが、破れません」という九五式の戦車兵の悲痛な言葉が印象的である。

また一方、ビルマ方面でも、ペグー付近でイギリス軍機械化部隊の装備するM3軽戦車に遭遇した戦車第二連隊の九五式軽戦車中隊がまったく同じような体験をしている。

日本戦車の砲弾は敵戦車に命中しても、ことごとくはね返され、M3軽戦車の砲弾で九五式軽戦車が血祭りに上げられるといったことが戦場では起こっていたのである。

M3軽戦車の出現には、当時フィリピンやシンガポールでの勝ちいくさの波に乗った国内ではあまり問題にされなかったが、M3と直接砲火を交えた戦車部隊や機甲本部は、あらためて我が国の戦車や装備火砲を再検討せざるを得なくなった。

一式中戦車の強化型

比島作戦やシンガポール作戦ではまだ米軍のM4シャーマンの登場はなかったものの、ヨーロッパ戦線ではＭ４シャーマンが現われ、その威力は日本にも伝わっていた。

このため陸軍は、新しい戦車を開発するとともに、戦車砲および弾薬の開発データを得る必要からフィリピンで捕獲したＭ３スチュワートを取りよせ、九七式中戦車および九五式軽戦車で実弾射撃を行なった。

その結果、日本の戦車砲はＭ３の前面装甲はもちろんのこと、側面や後面すら貫徹することができなかったのに対し、反対に敵の戦車砲は我が戦車のどの部分に当たっても容易に貫通することが判明した。この実験結果から得た対戦車戦闘対策は、Ｍ３の前ドアのヒンジ付近を狙い撃ちするか、または履帯部分を射撃してこれを破壊し、戦車の擱座を狙うしかないことがわかった。

このように、Ｍ３スチュワートにさえ日本の戦車砲が歯が立たない状況では、どうしても七五ミリ級の火砲を搭載した新戦車の開発を望む声が大きく、各方面で研究が開始された。

我が国の戦車開発は研究や試作に充分な時間をかけるのがあたり前のようになっていたが、ここにきてそのようなことはできない。時は急を要した。まず各部門と検討の結果、戦車の車体は現在量産されている一式中戦車のものを全面的に利用することとし、搭載火砲の威力を強化することについては七五ミリ級の火砲をベースに設計し、これを組み合わせて製作にあたることになった。

白羽の矢が立った搭載火砲

昭和十八年中期、三式中戦車の設計試作が開始された。陸軍技術本部の初期計画では、戦車砲として九五式野砲を改修して載せる計画であった。

九五式野砲は日中事変や昭和十四年のノモンハン事件でも砲兵部隊の主力野砲として活躍し、特にノモンハン戦ではソ連のＢＴ戦車に立ち向い、対戦車砲として充分その威力を発揮したからである。

それに他の火砲より軽量という点が技術関係の目を引いた。こうして選ばれた九五式野砲は、戦車に搭載できるように改良され、「九五式野砲改」となって一式中戦車の車体内に収まり、試製戦車となって射撃テストや火砲の操作テストが続けられた。しかし実験の結果、九五式野砲改良砲は初速が遅く、期待したほどの性能を発揮できなかった。

このため、九五式野砲改を搭載する案は中止となり、これとほぼ同じスペースに収まる火砲として九〇式野砲に関係者の目が向けられた。

この九〇式野砲は昭和初期、近代的火砲を求めて海外へ調査団を送って調査させていたが、ちょうどフランスのシュナイダー社が開発した開脚式火砲に目を見張り、これを強く要望した。

しかし、シュナイダー社は、この火砲は開発したばかりであるし、それに日本はサンプルだけ買って、生産は自国で行なうなどあって、日本からの多量の注文は望めないなどの評判

九〇式野砲

を聞いていたのでシュナイダー社はなかなか火砲を売ってくれなかった。

この火砲の特徴は砲身と砲架に画期的な工夫がこらされており、砲身は単肉砲身で、オート・フレタージュ（自緊）方式で造られていたため製造は容易で、素材を節約できるという利点があった。

さらに駐退復座器が改良されていて、砲架の受ける反動吸収が容易で安定性に優れ、その上、開脚式で、従来の日本の火砲よりも方向射角が大きく操作がずっと容易であった。

また砲口についた砲口制退器の作用で、発射ガスが砲身をブレーキする役目もあるが、一方ではガスが後方に拡散し、砲手に対して少なからず影響を与えるなどの不備も残されていた。

三式戦車砲として両者を比較すると、
一、九五式野砲は、射程が短いが軽量であること。最大射程一万七〇〇〇メートル

二、九〇式野砲は射程が長く、重量が大であること。最大射程一万三八九〇メートル

以上のように当初は戦車に搭載するため、軽量な九五式野砲が選ばれたが、戦場で米戦車と対峙するには少々重量があっても、射程と威力のある九〇式野砲に白羽の矢が立ったのも、けだし当然のことであった。

当時の戦車技術陣は、戦車搭載砲は比較的軽量なものをという意見が多く、攻撃力は列強に比べいま一つ劣っているというのが現状であった。太平洋戦争の切迫した戦場へ投入するには、あえて威力のある方を選んだということであろう。

こうして採用された九〇式野砲は、車載に適するよう戦車砲に改造され、三式七五ミリ戦車砲として三式中戦車に搭載されることになった。なお、九〇式野砲は九五式よりも初速も大きく、後座抗力を減少するための砲口制退器の発射ガスも、戦車内に収まればその影響も受けることがなく、砲の射撃にはそれらの心配は無用となった。

この砲は数々の実用試験を行なった結果、対戦車戦闘にも充分耐えうるものと評価され、「三式七半戦車砲Ⅱ型」として採用することになった。

●三式中戦車の構造

三式中戦車は、一式中戦車(チヘ)から発達したもので、陸軍戦車師団の中核たる九七式中戦車の系列型である。

車体形状はほぼ一式中戦車の形式をとっていて、ターレット・リング径は一七〇センチと増大、三式戦車砲を搭載、車体装甲を強加し前面五〇ミリ、両側面を各二〇ミリ、後面二五ミリ、上面一〇ミリの装甲を施した。

主砲に九〇式野砲を改造した戦車砲を搭載するため、砲塔も大きく改良されたため砲塔内容積が広くとられ、砲架や砲弾を収容する割には乗員の動きや砲操作は楽になったようだ。

しかし砲塔の旋回と砲の俯仰のために、把手付きハンドルが主砲の砲尾下に設置されていたが、重い砲塔を旋回させて目標にあわせるにはかなりの力が必要とされた。

この俯仰装置や車長用キューポラ、ハッチやその他の車内外の装備品は、一式中戦車の部品をそのまま流用、またはこれを改修したものを利用した。

三式中戦車に搭載されたエンジンは、一式中戦車と同じ統制型一〇〇式空冷V型一二気筒ディーゼルで、出力および回転数は二四〇hp/二〇〇〇rpmであった。この統制型一〇〇式空冷エンジンは陸軍技術本部で開発指導したもので、当時では最高の出力をもっていた。

車体の配置は、エンジンを車体後部中央に置き、主燃料槽は後部蓄電池の下に、補助油槽は車体右側に搭載された。この燃料タンク容積は、主・補助合せて三三〇リットルであり、給油には、戦車の行動に合わせて軍用トラックにドラム缶を積んでそれで行なっていた。当時飛行場などには給油車が配置されていたが、戦車部隊までは手がまわらなかったようである。

三式中戦車

三式中戦車の特色は、米軍の戦車と対応できる戦車として、一式中戦車よりも搭載火砲も大型化したこと、それにともない砲塔も大きく、さらに重量も増加した。この重い車体をささえる足まわりは強化され、まず車高調節がはかられ、前と後輪は独立した懸架装置を配備、中央の転輪四個には二輪ずつの平衡桿連動式懸架装置が取り入れられた。

また接地するキャタピラ（履帯）には、一式中戦車と同型式のものとしたが、ノモンハン事件やシンガポール作戦での戦車行動を検討し、不整地走行による履帯の痛みや摩耗を防止するため、従来のものよりもさらに高硬度の高マンガン鋳鉄鋼のものを採用した。これら高マンガン鋳鉄鋼は小松製作所などが研究していたものである。

●三式中戦車の車体本体

三式戦車の基本車体構造は、鋼柱などの骨組みに防弾鋼の外板をかぶせるといった立体構造で、全体にわたって溶接を採用しているが、前方の戦車砲取付部や、車体銃配置部、または操縦手の視察窓、またはその前方の点検孔部などはリベット付けを取り入れており、また分解修理が必要な個所はボルト止めになっている。

車体構造で、水密部分は地上から約一メートルの高さになっており、車内は戦闘室とエンジンを置く機関室とに分かれていた。その間の隔壁はエンジン熱が直接乗員室につたわらないよう黄銅線芯入りのアスベストと一五センチの黄銅板で作られ、この中間に耐火性防音材を充填して、エンジンの騒音が直接戦闘室に入らないよう工夫されていた。

実際に戦車内での乗員行動はせまい上に騒音が大きく、またエンジンの熱で背中が熱いなどがあって乗員は戦闘よりも予想以上の苦労をしいられていたからである。

三式戦車のエンジン下部の底板には、点検窓のほかオイルやタンクなどの排油の排出孔も設けられていた。

●三式中戦車の武装

戦車の主武装である七五ミリ戦車砲は前にのべたとおりだが、これには火砲として三式七五ミリ戦車砲一、銃器九七式七・七ミリ車載機関銃一の武装とした。車内には七五ミリ砲弾七〇発を搭載することが可能で、そのうち三〇発は戦闘室の床下に、残りの四〇発は砲塔内

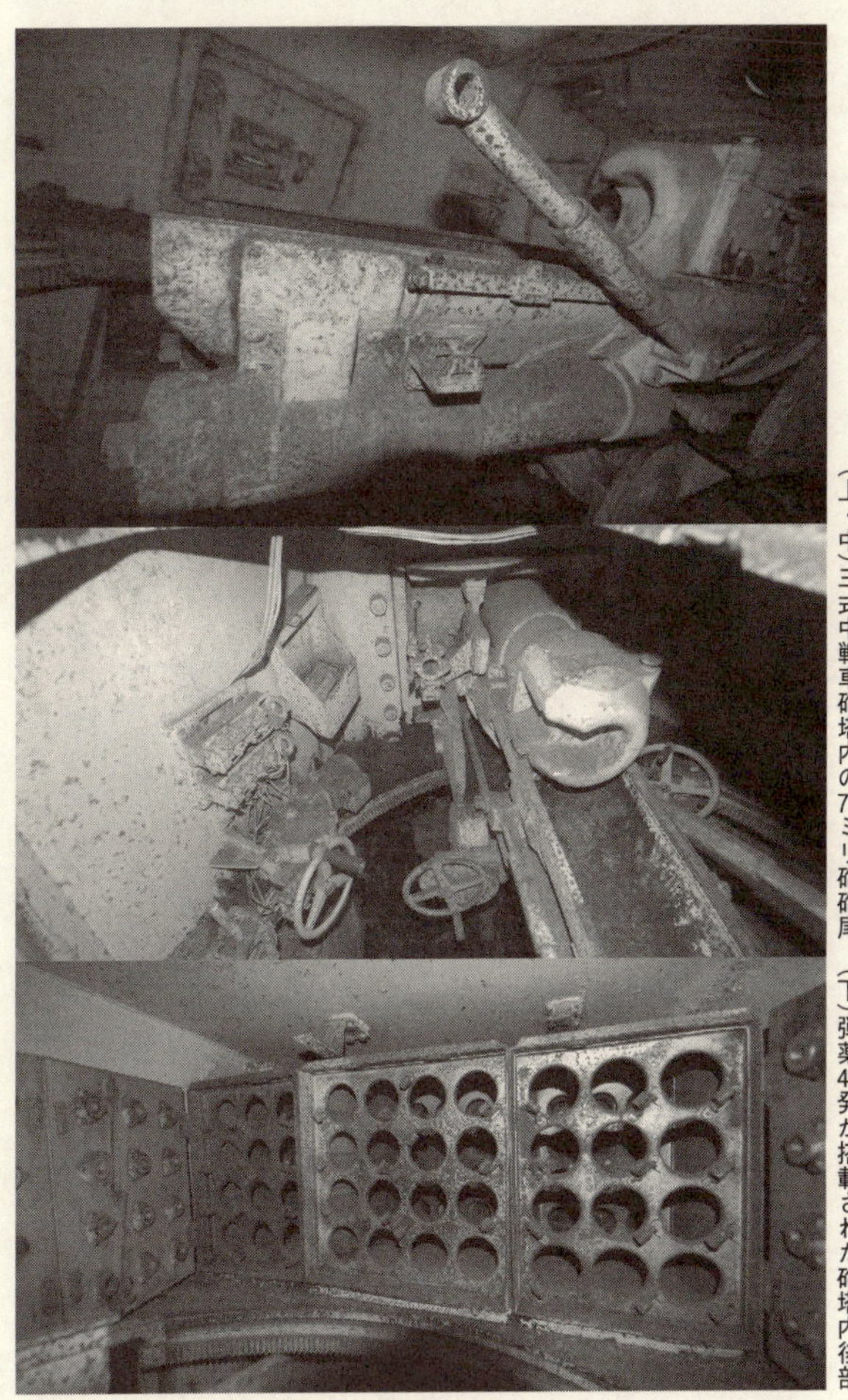

(上・中)三式中戦車砲塔内の75ミリ砲砲尾。(下)弾薬40発が搭載された砲塔内後部

後部に収納された。

昭和十八年四月に発行した「弾薬参考書」には、戦車砲弾薬として、榴弾、徹甲弾、代用弾が定められており、これと同等の戦車砲弾が装備されたものと推測する。

また戦車砲は九〇式野砲を改良したものであり、九〇式野砲弾薬には尖鋭弾、榴弾、曳光榴弾、破甲榴弾、鋼銑榴弾、榴霰弾、発煙弾、焼夷弾、照明弾、代用弾などがあり、これらの弾薬の中には同口径砲なら、ものによって砲弾、戦車砲弾とを兼用することが示されていたから、これを例にとると、三式戦車砲の砲弾はもっと種類があったものと推測できる。

しかし、戦車砲弾薬と火砲弾薬とは薬莢の長さが異なり、また発射装薬量も違うため、砲弾はそのままでも薬莢は戦車の薬室内に収まるよう改良しなければならない。

三式戦車の副武装として、車体前方左面に九七式七・七ミリ車載重機関銃を一梃装備し、それまで一式中戦車などにあった砲塔後部の機銃は廃止された。機関銃用の搭載弾薬数は三六八〇発で、弾薬はアルミ合金製の弾薬箱に入れ、車体両側や操縦手後方など、あらゆる空間にびっしり積みこまれていた。

ハチマキ型から直立式へ

日本の戦車に搭載した車内無線機は昭和十三年五月頃から研究に着手した。それまでは八九式中戦車や九五式軽戦車などに搭載する無線機は戦車が開発された後、乗員室のわずかな空間に収まる無線機を試作搭載し、戦車間とそれに追従する車両間の無線機を搭載使用してきた。

これらは九四式四号甲、九四式五号無線機であったが、通信の円滑を欠きあまりうまく行かなかった。これを統合して第一線にも使用できるようにしたのが、軽無線機甲である。

しかし、この無線機も通信距離が一キロから一・五キロ間では同時に送受話できるものの一・五キロを超えると不良となり、その不備をうめるため新に「車両無線機甲」を開発した。これは機甲部隊のみならず、一般部隊における移動通信の要望にこたえたもので、戦車のみならず、車両にも装備できるものであった。

通信機は送信機、受信機と付属予備品からなり、電源は蓄電池および直流変圧機からなっている。用途は機甲部隊、軍通信隊、師団通信隊用で地上相互および対空通信である。

この無線機は主に九七式中戦車（チハ）に搭載されているが、チハ車の砲塔手すり状に装備されているのがこの無線アンテナである。これはノモンハンでソ連戦車も同様に装備していたため、ソ連軍から狙撃されるケースが増加した。

そのため後半では別に直立アンテナを装備しそれに対応したのである。その後、九七式改では手すり式アンテナを廃止し、一式中戦車も手すり式アンテナはなく、車体後部に直立アンテナを装備した。

一式中戦車の通信機器は「車両無線機乙」を装備していた。これは無線機甲から発展したもので、戦場通信において、中間指揮官に二つの通信系を持っていた。すなわち上級指揮官に対するものと下級指揮官に対するものである。一般部隊ではこの二系は異なる機種を使う通信部隊で構成するのを通常としていた。

だが戦車部隊では各級指揮官も戦車に搭乗するのが普通であり、そのせまい車内に中間指揮官用として、二種の無線機を装備することは不可能に近い。これには通信機一機のみ装備する必要があった。

そして、これの不備を改修したのが、三式中戦車に搭載した「車両無線機甲」である。昭和十六年四月、これまでの戦車無線機に新な研究を加えて完成させたもので、その目的は戦車部隊間の短距離電話通信に適する無線機である。

構造と機能は、通信、電源、空中線（アンテナ）、付属品よりなり、通信機および電源直流変圧機は無線機乙と同じ箱に収容できた。空中線は垂直型で車両後部に設置し、障害物に当たってももとに戻る自動起倒式である。

用途は戦車相互間、通信距離は、行動間電話五〇〇メートル、周波数距離二〇～三〇ＭＣ、電源、蓄電池および直流変圧機（送受兼用）であった。

太平洋戦争に突入して、従来の戦車運用法に変革をきたしたので、車両無線機乙はその用途が少なくなり、かわって本機を追加研究した。これは用兵上の要望であった。これまでの試作――制式――整備の順序を追っていたのでは到底間に合わず、急速整備の要求に合わないので、無線機丙の試作と併用して戦車に整備する必要があった。

昭和十七年六月、試作二機完成後、二回の改修を加え、これを戦車に搭載しつつ昭和十八年二月に実用に達する無線機丙ができ上がったのである。本機は部隊要望のとおり、短期間に実用できるよう研究が完了したので、制式制定に先だち無線機丙を二〇〇機制作整備、ただちに三式中戦車に搭載し、戦車関係者を満足させたという。

これは制式制定の準備中終戦となって制式化になってないが、三式中戦車に搭載したまま終戦となってしまった。

特殊軽舟艇

●敵地の河川・沼沢での水路輸送に用いられた「鉄舟」

水路専門の輸送部隊

昭和十二年に日中戦争が勃発して、その戦闘も北支から中支に移った日本軍がもっとも悩まされたのはクリークである。このクリークは揚子江や黄浦江、または湖水と結んだ水路でくもの巣のように張りめぐらされている。

この水路は中国での重要な交通路の一つであり、陸上路よりもむしろこの自然の水路やクリークを利用して生活していた。中国は日本との関係が悪化した頃からクリーク地帯を拠点に陣地を構築し、両側に機関銃や障害物を配置するほか、民家を利用したトーチカなどをもうけて日本軍の進撃をはばんでいた。

こうした実状から、日本軍は地上ではクリークで進むことを阻止され、これにかけられた無数の橋は中国軍によって焼かれたり破壊されて通ることが不可能となっていた。

このため日本軍は進撃する部隊に弾薬や糧食を輸送供給することが困難で、陸上を行くよりもむしろ危険ではあるが、このクリークや水路を利用することがぜひ必要であった。

日本では車や輓駄馬などで軍需品を輸送する教育を受けていても、敵の出没する敵地では水路輸送をやるには勝手が違い、この作戦では歩兵、工兵や輜重部隊と合わせた特殊な小部隊を編成することになり、戦闘、警戒、輸送などを合わせた研究を行なうことになった。しかし事態は急を要し、使用する船は工兵の持つ船や民船を利用することになった。

水路輸送隊の編成は次のようなものである。

編成は敵の状況、船の種数、大小および数や水路の良否など、目的地への航程、両岸の地形、兵員の多少などによって異なるが、普通中尉か准尉を長とし、これを監視隊と警戒隊に区分した。監視隊は分隊長以下若干名を各船に分乗させて軍需品（兵器、弾薬、糧食）の監視にあたり、各船の先任者をもって船長とした。

警戒隊は下士官若干名をもって輸送水路付近の敵に対する警戒と戦闘を任務とするが、状況によっては輸送隊の全力をもって敵と戦闘をまじえなければならない。輸送隊にはその他給養係や衛生兵もおり、船の修理を行なうため機工長を、連絡、捜索、警戒のため通信手を、また進路を誤まらないための適当な現地人を案内者として同行することも必要だった。

装備は、前方警戒隊に九二式歩兵砲や重機関銃を配置するほか、全員小銃を携帯し、軽機関銃、擲弾筒、無線機、発煙筒や手榴弾と所要の食糧を携帯した。

発動艇にひかれてクリークを行く水路輸送隊の鉄舟。２隻合わせて使用した

船内の危険予防と隠密行動のため、地下足袋、脚絆をつけ、偵察者は双眼鏡をもった。指揮艇および斥候艇には起伏自在の小展望台をつけて警戒にあたるほか、船には万一の場合を考慮して掩体構築のため土嚢を準備したが、これの代わりに圧搾した干草を周辺に併列したが、これは小銃弾の貫通を防ぐことができた。時として水中障害物を除去するため爆薬を携行した。

前の水路輸送隊を利用したところ、意外と効果が良かったところから、陸軍はこれをさらに進め、軍需品の輸送隊とは別に水路を進撃、敵の討伐を主とした舟艇隊を編成した。これによって湖水を渡って敵の拠点を打ち、上陸することも考えたのである。

この討伐舟艇隊の舟艇は、工兵の発動艇のほか小蒸気船、魚船、機舟などから民船も応用されたが、一般的に水路やクリーク地帯を行くため、吃水が浅く速力の大きな舟が適当とされた。使用する舟艇は速力や吃水が同一なものをそろえて、同一任務の部隊に配置す

鉄舟に取り付けた操舟機

ることがかんじんで、異なる速力では水上行軍が円滑に行かなかったからである。

工兵部隊から供給された舟は、当初鉄舟と呼ばれる（尖形舟と方形舟）を組み合わせた舟で操舟機専用のものもある。普通発動艇と同様に舟の艪部に取りつけられ、重心が低下しているため舟は安定して走ることができる。

操舟機は各種の架橋用器材に応じて大小種々あり、その能力も各様である。この操舟機も鉄舟や木舟に据え付けられる方式によって、舟底据付け式と舟舷取付け式とがあり、運搬時は数個に分解して、自動車か馬の背に積み、軍の移動に対応できるようになっている。

この種の操舟機は八〜三〇馬力で水冷式四気筒の揮発油発動機で、水深七〇センチ以上、水流毎秒三メートル以下の河川あるいは湖沼で使用され、前進も後退も同様にできる。

操舟機の推進機は下に伸びた堅腕によって動力が伝

えられるが、運行中も、堅腕の下部が障害物に衝突した場合、堅腕は自動的に上に上がって破損を防止し、また浅い所では推進機を上に引き上げることもできる。

鉄舟はその名のとおり鋼板製だが、比較的軽量にできており、取り扱い運搬が容易であるのみならず、安定感があり浮力が大きい。通常二～四コの部分舟を接続して一隻の組み立て舟とする。

組み立てた両端のものを尖形舟、中央のものを方形舟といい、操舟機舟には尖形舟のかわりに、尖錨舟をもちいる。その舳部の尖錨舟には波よけを取りつけたものもある。この鉄舟は野戦では分解して馬で運搬するが、大きなものは車両に積んで運んでいた。

この鉄舟は野戦部隊の渡河用として、河に多数並列して軍橋の橋脚舟として使用される場合が多かった。

油断のならない水路進撃

水路やクリーク地帯を行く水路輸送隊の編成は、船の種類の大小により汽艇をもって曳航する場合と、人力によって航行する場合とがあり、それは次のようなものである。

斥候艇＝兵五名、機関銃装備。

指揮官艇＝指揮官および通信兵、無線装備。

前方警戒艇＝戦闘、警戒を主とし兵士、軽機関銃、擲弾筒、発煙弾を装備、時によっては煙幕を構成する。

この前方警戒艇から二〇〇～三〇〇メートル離れて、第一分隊の舟艇が六隻続き、これから一〇〇～二〇〇メートル離れて第二分隊の舟艇六隻、さらに一〇〇～二〇〇メートル離れて第三分隊の六隻が曳航される。

この第一～第三分隊の舟艇は、兵器、弾薬、食糧などをのせた船で、初めは一隻ずつ並んで航行していたが、水路やクリークの安全性が高まるにつれて、二隻並列にし、その間に弾薬や食糧などを多く運べるようにした。

この第三分隊艇の後方には、後方警戒隊の舟艇があり、水路輸送隊の後方を警戒しながら航行する。分隊の数を三コ分隊としたのは、舟艇の速度や曳船の数、水路の状況などや水路上の屈曲大小などにもよるが、もっとも重要なのは、斥候艇や警戒艇をふくめ、敵のクリークや水路を行くには三コ分隊がちょうど指揮掌握に良いことであった。これだと万一敵の奇襲に対しても、機動力で対抗できる可能性があることであった。

ただ、指揮艇が特殊な型をしていたり標識をつけていると、敵からの狙撃目標となるため、分隊の舟艇と変わらないこととしたが、視察のため展望台を取りつけていた。

水路輸送隊の警戒要領は、航行の方法によって異なるが、主に汽艇で曳航する場合、速度が早くて陸岸から掩護することができないので、勢い斥候艇を進めて要点を確保占領し、また捜索により警戒の目的を達した。

船の舳先に取り付けた三年式重機関銃

これらは陸上を進む日本軍の部隊とつねに情報を交換し、これに弾薬や食糧の供給を行なって進むようになる。

前の水路輸送隊の目的は陸上を行く部隊に対して兵器、弾薬、食糧などを早く供給するため、水路を使った混合輸送隊であったが、これをさらに進め、クリークや水路を利用して兵を進ませようとしたのが前にのべた「水路地帯討伐隊」という戦闘隊である。

これはクリーク両岸の敵を制圧するのも目的の一つだが、中国の河川や湖水も渡って敵前上陸を敢行しようと考えたものである。そのため、水路輸送隊とは別に発動艇や機舟などをかき集め、中国の民船なども利用した。

討伐隊の舟艇の舳には、防楯をつけた重機関銃座を設け、兵員は軽装とし、状況により救命胴衣を着用、携行した。

討伐隊はいくつか編成され、その目的地ごとに使用する舟艇が異なっている。小さなクリークや水路を行く船は工兵の持つ鉄舟や、操舟機をつけた機舟や中国住民が使う小民船を活用したが、大きな水路や河川、湖水などを航行するには大型の汽艇や海軍から貸りうけた舟艇、押収したジャンクなども編成の内に入れた。そして弾薬や食糧は各舟艇ごとに積載し、水の補給に対しては特に留意し濾水器を携行した。（中国での飲料水確保はむずかしく、濾水器を利用したのが知られている）

各舟艇には番号旗をつけ、また指揮艇には指揮旗と無線機を装備し、所要の舟艇に軽易な展望台をつけ、前方の視察にもちいた。航行間の連絡は舟艇に手旗通信手をのせ、夜間の識別のため燈火や発火信号などを装備した。

水路討伐隊の編成は、先の水路輸送隊を発展させたもので、クリークを行くのは輸送隊と同様だったが、大きな河川を航行するにはやはり大型の汽艇を利用した。行軍序列は主に戦闘を中心とし、各舟艇は自衛装備を充分に行なった。

各縦隊は通常尖兵と本隊に区分し、尖兵には機関銃を配備し、水中障害物排除のため工兵の一部を乗船させていた。小さなクリークも予想より水深がふかく、河水は一般に汚濁して水底を透視できないのが通常で、また流速はきわめてゆるやかである。このクリークの中には夏期河岸に藻が密生し、舟艇の推進機にからみつき、航行を困難にすることがあった。

各舟艇の距離は敵状や水路の状況、明暗の程度、舟艇の速力などによって一定しないがおおむね二〇メートル間隔を標準とした。

本隊の先頭には指揮艇を配置し、縦隊指揮官はこれに乗船し、その後方には快速なる伝令艇を航行させている。

また本隊の最後尾には若干の歩兵を乗せ、後方の警戒ならびに故障した舟艇の対処にあたらせている。

所要の水路を誤らずに目標に向かって航行することは尖兵の重要な任務であったが、地図上にも記載されてない小水路やクリークが多いため、舟艇の進路を誤ることがしばしばで、指揮艇にはつねに専門の将校をおいて磁針、地図および舟艇の速度を対照して自己位置を判断して前進した。また現地人を採用しての水路の安全確保が重要だった。

こうした舟艇航行中にも、橋梁の上から不意に手榴弾を投げ込まれたり、またクリークの橋梁などでは中国人が日の丸の旗を振り、歓迎にことよせて敵に内通し、舟艇の行先を通報するなど、油断のならない敵中の水路進撃が続くこともあった。

そのため、夜は止むを得ない場合のほか、航行をひかえたが、夜間では両岸より敵の射撃を受けることもしばしばだった。舟艇の夜間隠密航行は発動機艇のような機関音の高い船を避けることが必要であったという。

舟艇に歩兵砲を搭載

前述の水路輸送隊の場合、弾薬や食糧を運搬する意味から、舟艇もなるべく隠密に行動していたが、それでも両岸から射撃を受け、また舟艇隊なども これに応戦するなど、小銃による小ぜり合いはあったとしても大きな戦闘には発展しなかった。

しかし、討伐隊の場合は強行して進むため、陸上の警備隊と連絡を密にし、その地方の敵の状態、水路両岸の地形や現地人の向背などを詳知し、企図を秘匿して行動するため、不意に敵襲を受けた時すぐこれに応じて戦端を開くなど、また敵の反対河岸に上陸してまず火力によって敵を制圧した後、攻撃に転ずることを行なった。

こうしたことから、舟艇の舳先に機関銃を装備していたが、火力制圧ができないため、砲兵部隊から三八式野砲を供給して船に乗せていたが、小型の舟艇では野砲の砲撃ショック時に舟が痛むおそれがあり、各種現地実験の結果、歩兵の持つ九二式歩兵砲が、舟艇に搭載して操作射撃を行なっても、それほど舟に影響を与えないことがわかった。

前の水路輸送隊でも、自衛用に九二式歩兵砲や平射砲を望んだが、兵器不足のため歩兵部隊では良い返答はなかったといわれる。

だが、三八式野砲を乗せた場合、場所を取るため大型艇が必要で、その操作のため砲兵と弾薬をのせるスペースに手間どり、なかなかうまく行かなかったようである。それでも当初は野砲と砲兵をのせていたという記述もある。

小型舟艇での砲の射撃ショックは予想以上に大きく、鉄舟などの底を痛めることが多く、鉄舟の底に土嚢を積んで砲を固定し、水路航行間でも不意に敵から射撃を受けた時でも、機を失せずこれに応射し、先制の第一歩を獲得するのを有利とした。

土嚢で固定された鉄舟搭載の九二式歩兵砲

　この歩兵砲を討伐隊の舟艇に組み入れた時は、他の分隊からやや冷たい目で見られたが、クリークの両側からの砲撃や近くのトーチカの制圧にも、九二式歩兵砲の持つ平射弾道と曲射弾道の両方の射撃特性を生かし、遠距離のトーチカ、クリーク両岸の敵機関銃陣地にも、榴弾の雨を降らし、これらの陣地を沈黙させることができた。
　中国の水路やクリークは、ひじょうに入り組み、また複雑化しているため、舟艇隊の航行は個々の艇で編成していることから掌握が困難な上、図上では一見簡単な水路でも進路を誤りやすく、特に夜間ではこれがいちじるしい。しかも一度前方の閉塞した水路に入るものなら本流に復帰することが難行し、水路の偵察を綿密にすることが肝心だった。
　このような状況になると、中国軍は諜報網がよく発達しているため、舟艇の案内や操作のために乗っている中国船員や苦力(クーリー)たちの逃亡や、舟艇隊の企図を暴露するおそれもあり、目的地に到着するまでは彼らを上陸させないようにした。

また舟艇隊に近寄る中国の民船やジャンクなどにも敵の便衣隊（民間人の服装をした敵兵）が乗り組んでおり、舟艇隊の不利な状況をみて、遊撃戦法を展開するなど、水路討伐隊といえども、クリーク戦やゲリラ戦などはまったく油断のならない特殊戦であった。

大観測鏡

●敵から遮蔽された位置から敵情観察が可能な砲兵隊の目

敵情を極秘に偵察せよ

敵の状況を視察し、また火砲の照準や観測を行なう光学兵器は、昔から偵察部隊や砲兵にとってはなくてはならぬものである。

明治三十七年〜三十八年の日露戦争後、火砲は各国でも急速に発達してきたが、それにともなって必要となったのは「観測梯」である。その頃の砲兵は敵味方ともに、なるべく自分の陣地を相手に見られないような場所を選んで放列を敷いていたが、精度の良い火砲は六〇〇〇メートルほどの距離を飛ぶので、呑気に陣地を構えてはいられない状況だった。

したがって、時には遮蔽した土手に陣地を取ったり、高い高粱の中に放列を敷いたり、敵に発見されにくい反面味方からも敵を見ることが非常に困難であった。予想した方向の敵に向かって火砲を撃ちかけたところが、なんら効果は上がらなかった。

そこで、陣地は敵に隠蔽しつつも、味方の弾着、敵に対してどのような損害を与えるかなど、それを観測する方法を設けなければならなかった。これが観測梯の必要とされた理由である。

特に加農砲などの射撃では、途中に障害物がなくても五〇〇〇～六〇〇〇メートルを飛ぶのは通常の距離である。平地に立って観測したのでは敵の低い陣地模様が見られるわけがない。したがって小高い位置から、この着弾地点を見る必要があった。

日露戦争の平地戦では高い丘が少なく、臨時に人工で物見台を作らなければならなかった。すなわち高いハシゴを立て、それを棒で支える観測梯が工夫され、いたるところで砲兵隊の観測用に使用された。この観測手（ふつう将校がこれにあたる）はハシゴ状の観測梯によって味方火砲が発砲するごとに、その着弾点および射撃効力を詳細に観測して、これを自己の中隊に報告して一弾ごとにその射距離方向を修正させ、的確に射撃効果を挙げるようにつとめた。

●フォンタナ式観測梯

砲兵隊における観測梯は欠くべからざる器具として、各国でも研究されたが、まず、その高さが不充分で、運搬にも不便であった。また一定地に固定して観測するところから、敵の目標になるおそれが多く、地上からも高く危険性もまぬがれなかった。

ドイツではこの不備な点を改良した自動式観測梯を開発した。名称は開発者の名をとって「フォンタナ式観測梯」と名付けられた。その特徴は、どこでも容易に運搬設置でき、時間をかけずに高く、また低くすることも可能で、敵の目標になる前に降下して低地にかくれることもできる。

フォンタナ式はこれらの条件を備えていて、弾薬車を応用した車に積載させて、砲車とともに容易にどこへでも運搬することが可能である。

その構造は車内に折りたたまれた鉄板があり、これを上部に繰り出すと同時に、ちょうど鋸歯状の両側が互いにうまく次々とかみ合って、四角状の鉄柱が組み立てられる。

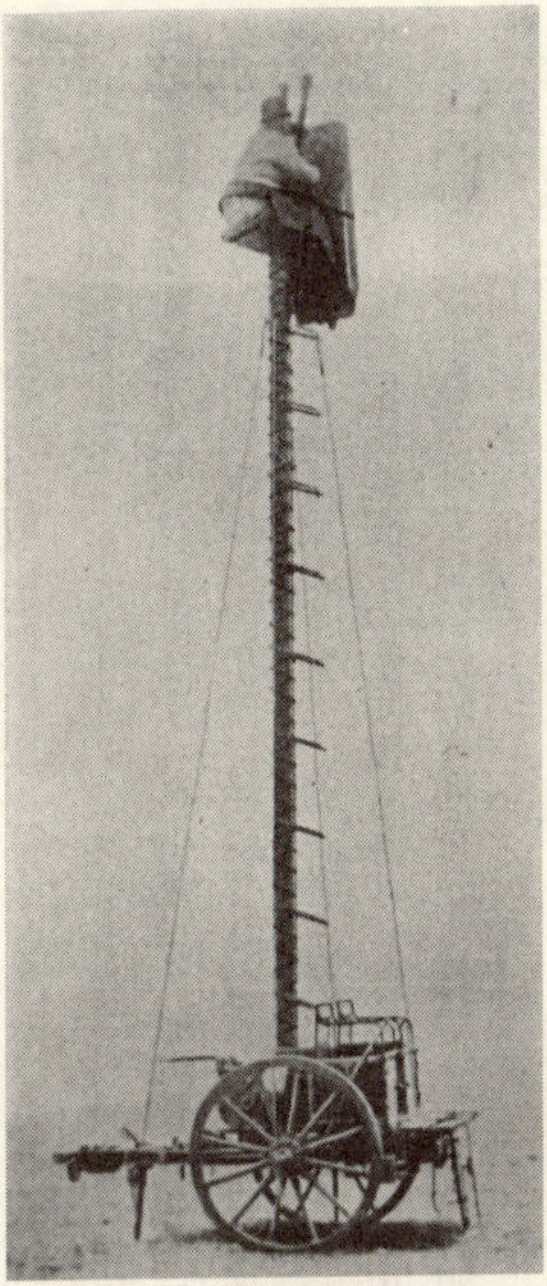

フォンタナ式観測梯

その頂上には、観測手の座る椅子が設けられた。所要の場所に車をすえて、観測手がその椅子に腰をかけ、助手がハンドルを回しさえすれば観測梯は次第に下から突出して組み合わされ、観測手は居ながらにして中空に持っていかれる仕組みである。

通常この観測梯は約二〇メートルの高さに立てられるが、昇るのに約一〇分、降りるのに約五分ほどかかる。このフォンタナ式観測梯は火砲の弾着観測に有効なものとして注目されたが、やはり一番の問題は敵の狙撃目標になりやすいという欠点であった。

これはその後も工夫や改良を重ね、第一次大戦では西部戦線にも登場して敵情の視察に活用されたが、その反面観測手の危険度も多く、大戦末期には使用されなくなった。

また観測中は上部が不安定のため、四方から鋼線を張り、観測手の安定と車体とをしっかり支えなければならなかった。

ドイツ製より研究

日本陸軍では、敵情や火砲の射弾観測をするため次の各種観測鏡が作られている。

一、六メートル観測鏡
二、九五式二八メートル観測鏡
三、一五メートル観測鏡
四、八メートルと一二メートル観測鏡

これらの観測鏡はいずれも単眼鏡で、高い潜望高を有し、地形地物の背後あるいは要塞内に設置して、観測者は敵眼から隠蔽された所で、敵情や射弾観測を行なう必要性から、観測鏡も潜望高五〇センチ程度から二八メートルの巨大なものまで装備していた。

この種のものは、海軍では潜望鏡と称して潜水艦に装備していたが、陸軍では陸上運搬性を考慮した関係上、海軍の潜望鏡構造とはおもむきを異にしていた。しかし、後述するソ満国境要塞に配備していたものは固定式であり、潜望鏡とほぼ同一形態であった。

では、これら陸軍の観測鏡とはどのようなものか取り上げてみよう。

●六メートル観測鏡

観測鏡の原型は、昭和四年～五年頃ドイツの高名な光学メーカーであるカール・ツァイス社より陸軍が購入したもので、いろいろ研究審査を行なった結果、野戦の重砲兵部隊用観測具として適当なものであると判断を下し、昭和六年から「六メートル観測鏡」の名称で制式に採用されたものである。

これは砲兵重観測車につまれ、積載品として国内の演習や中国大陸の戦場でも使用された。

この六メートル観測鏡は砲兵観測具としては利用価格が高く、ツァイス社製を参考に、陸軍工廠と日本光学（現・ニコン）が製造し、昭和二十年頃まで製作された。倍率一〇倍、見掛け視界五度、対物レンズ有効径五八ミリ、射出瞳孔径五・八ミリ、鏡頭反射鏡俯仰正負二〇度、潜望高六メートルと四メートルの二種である。

●九五式二八メートル観測鏡

この観測鏡は、第一次大戦時にドイツ軍が光学メーカーに依頼して開発させたもので、国境近くの森林地帯に設置して、フランスやイギリス軍の敵情偵察を行なったものである。後にフランス軍によって捕獲され、連合軍は驚異の目で見たという。これは世界最高の観測鏡で、マストテレスコープである。

日本は昭和五年三月、当時の陸軍技術本部第一部測機班長・多田礼吉砲兵大佐が欧米の軍事技術視察の時、ドイツのカール・ツァイス社を訪問し、このマスト・テレスコープの鏡頭が目に入った。カール・ツァイス社ではマスト・テレスコープは旧式な兵器としてサンプルにしていたが、日本の求めに対しこころよく承諾し、ここで購入することができた。

カール・ツァイス製テレスコープは、木製の台車に木製車輪がついたものだったが、日本ではこれをホイル付きタイヤに改良し、台車上に座って鏡頭を八段階に延長し、文字どおりマストを構成して敵情を偵察することができる。

この改修は、技術本部の柴弘人砲兵中尉が研究主任者となって研究に取り組んだもので、日本光学と班内の中村、松崎研究員の協力のもと完成した。

そして、昭和十年「九五式二八メートル観測鏡」として制式制定されたものである。

昭和十年十月三日、昭和天皇は陸軍科学研究所と戸山原練兵場に行幸、陸軍が新たに開発した兵器および新軍需資材を天覧された。この中には開発されたばかりの九五式二八メートル観測鏡も展示され、これに興味を持った陛下は自から接眼鏡をのぞかれて皇居周辺をご覧になり、「良く見える」と感想をのべられたという。写真はその時のものである。

観測鏡全体は二輪タイヤ付き車体上に観測鏡を設置し、マストを次々と繰り出し、最尖頭部に鏡頭を備え、最下部に接眼部を有し、内部はなにもない空洞で作られ、接眼部のプリズムを通して視察することができた。

この二八メートル観測鏡は、ただ一基だけ作られたが、昭和十二年に勃発した日華事変時、上海戦線に投入して、その効果を試すことになる。それは近代化した戦場で、戦場目標が遮

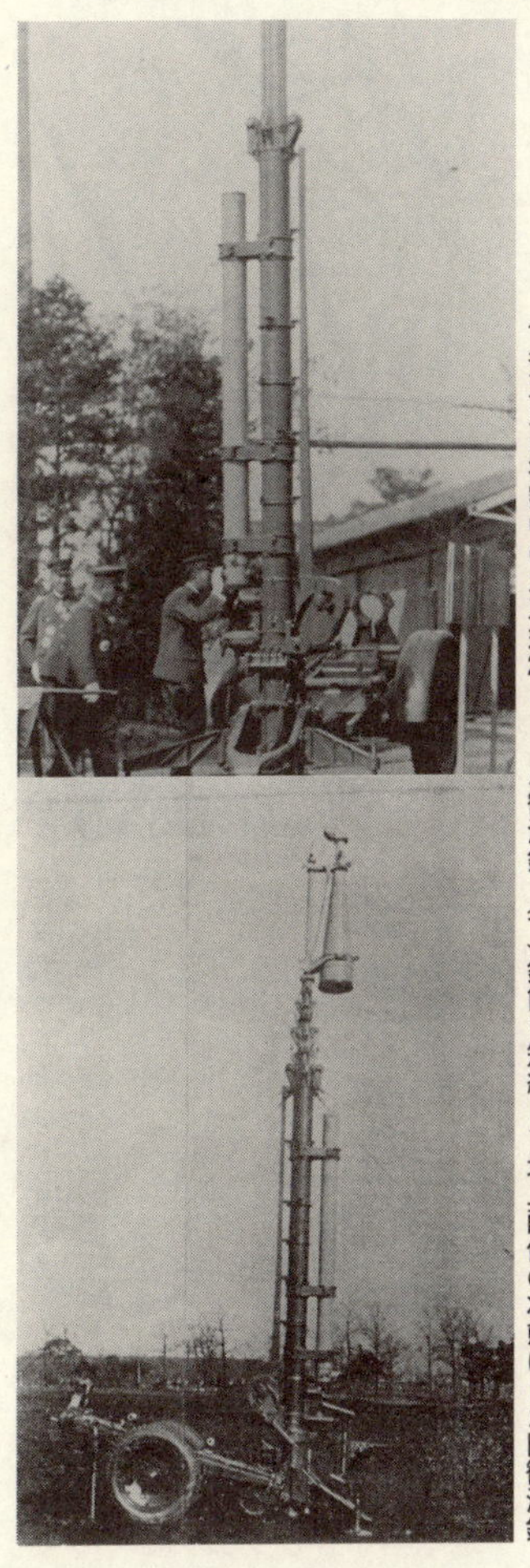

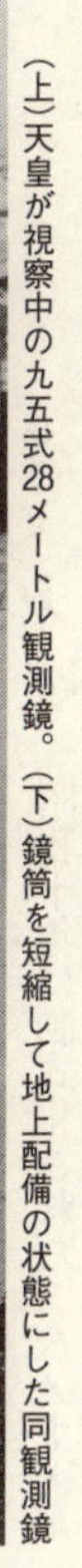

(上)天皇が視察中の九五式28メートル観測鏡。(下)鏡筒を短縮して地上配備の状態にした同観測鏡

蔽や偽装、地形の応用が巧妙になり、それをどの程度発見、偵察できるかにあった。

二八メートル観測鏡はこれに応え、性能を駆使して敵の遠距離目標も充分とらえることができ、火砲射撃に大きなプラスを与えた。

15メートル観測鏡

●一五メートル観測鏡／要塞用観測鏡

昭和十年に制式化された二八メートル観測鏡は、潜望高は高く遠くの状況視察には効果はあるものの、製作がむずかしく、とうてい多量整備には向いていなかった。そのため別に観測鏡の設計を仕直し、高さを一五メートルとし、製作容易な、また野戦観測鏡として作戦にも充分に利用価値のあるものを研究開発することになった。

この一五メートル観測鏡は、昭和十三年に日本光学で試作が完成し、試験結果は良好であったが、その整備製作はわずか五台と少なかった。この観測鏡は火砲の射弾観測や敵情視察兵器として大いに期待されていたが、当時の風潮は第一線の兵器生産を重要視していたこともあって、殺傷兵器でない観測鏡はやや軽視されていたものと思われる。

この観測鏡が二八メートル型と異なる点は、前の六メートル観測鏡に範をとり、円筒繰り出し方式を取り入れ、擘力手動で繰り出し装置を行ない、鏡筒を次々と繰り出しては接続し、潜望高を一五メートルの高さにするものである。これは二八メートルと同様な二輪台車上に設置し、移動はトラックの牽引で行なっていた。

●八メートル＆一二メートル観測鏡

この観測鏡は、ソ連と満州国境に位置する要塞用観測鏡として現地部隊から要求されて実現したものである。

そのいきさつは、日本軍は早くからソ連領と接する満州東部地帯を重視して防備を固め、ウラジオストックの北の国境地帯から北に向かって東寧、綏芬河、観月溝、密山そして最北にある虎頭に永久築城陣地を構築して国境の守りを固めていた。

この八メートルと一二メートル観測鏡は国境要塞に適したものとして製作され、形式は海軍の潜水艦用潜望鏡とほとんど同様の作りをしていた。したがって要塞の観測所にすえ付ける固定式で、手動で昇降できるものだった。

昭和十七年、潜望鏡は日本光学で製作が完成し、また昇降装置は東京造兵廠で製造にあたった。この両者をテストした結果、良好と判断されたため、ただちに北満に送って要塞内に組み立てられた。

潜望鏡内部には防曇防止用に乾燥剤シリカゲルを入れ、特に防曇に注意したという(注・要塞内は特に湿気が多かったという)。

この要塞用二種の観測鏡は特殊兵器のため、制式上申もせず、製作された観測鏡も二台のみで、そのまま要塞内での敵情視察に使用された。

国境偵察用の機材

●国境偵察用望遠写真機
昭和十一年頃、陸軍技術本部から日本光学に対し、焦点距離五メートルの超大型望遠カメラ試作の依頼があった。

それまで陸軍では工兵部隊が塹壕内から敵状や弾着などを視察撮影する三メートルの望遠レンズ付きの潜望式カメラ(S望写)が使用されていたが、技術本部依頼のものは、まったく目的が異なるものであった。

これは当時やや雲行きがあやしくなっていた満州とソ連の国境に設置して、向こうの状況をさぐろうという目的だったのである。もう一つの目的はシベリア鉄道の国境の町・満洲里から、シベリア側のアトポール駅を撮影し、この駅で荷下ろしされるソ連の軍需物資を偵察しようという試みもあった。

5メートル望遠写真機

この五メートル望遠カメラは略称で〝G望写〟と呼ばれて開発がはじまったが、陸軍が四ツ切判を主張したのと、レンズ径が大きくなるため国産素材を使うことはできず、ドイツからの素材を使用して対物の直径を二〇センチとした。すなわち、F25の明るさで望遠率は六〇パーセントとしたので、実長三メートルのカメラとなった。

対物レンズは二枚の分離型、後部のレンズは三枚で昭和十二年五月に試作が完成した。さっそく木製の暗箱を作り、これに装着して実験したところ良好と判断され、陸軍の関係者を充分満足させた。このG望写はただちに陸軍の採用することになり、北満要塞に送付された。

このG望写の開発が急がれた理由は、関東軍内に情報収集の〝向地視察班〟の小部隊が編成されていて、国境に近い展望台から大きな倍率のある双眼鏡をもちいて、つねにソ連領の動向を探っていたからである。

これは国境近くの陣地、トーチカなどからソ連軍の訓練、あるいはウラジオストック港の船舶の出入、シベリア鉄道での列車運行状況など、その情報収集も多彩をきわめていたが、その一方、ソ連軍も日本軍の国境地帯から観察していることをよく知っており、お互いに装備している光学機器能力が限度であった。

陸軍としては国境視察に威力ある望遠カメラが必要だったが、なかなか要求どおりにはいかなかった。そこでより高度な、五メートル望遠写真機がのぞまれたのも無理からぬことである。

完成したG望写は満州へ送られ、試されることになる。カメラは鏡胴を三部分に分解してトラック上で組み立て、装置された架台にのせて手動により俯仰および回転ができる。レンズの尖端部（レンズフード）はトラックの後部の幌から尖端だけをのぞかせた。すなわち本体の大部分は幌でカムフラージュして外部から見られないようにした。国境近くになったら車をバックに動かして、敵のトーチカや陣地が見える撮影点まで進ませ、目標をキャッチしたら幌をとらずに撮影する。

撮影時は車のタイヤが振動するので四本のジャッキでトラックのボディを地面に支えて振動を止めなければならなかった。

車が入れない地帯では、カメラを二個に分解し、一個をそれぞれ四人で撮影地点まで運んで組み立てるほど大きいものであった。

この国境撮影は、当時ノモンハン戦が終了した後だったが、ソ満国境では緊張状態が続いており、また無人トーチカにもソ連兵が配置されていて油断ができなかった。

国境用とは別に各部隊偵察用に、一メートル望遠カメラが開発された。これは多数装備する必要から製作簡易にして、精度よく、くわえて取り扱い便になるものを、技術本部案として研究していたものを実用化したものである。これは焦点距離一メートルのもので、野外テストの結果、これを改修して部隊配備することになり、歩兵、騎兵、砲兵および工兵にも実用試験を行なわせ、これが実用に適するものと認められ、偵察用として各部隊に配備された。

参考資料「カメラレビュー」一九八〇年九月号

信号拳銃

●指揮、連絡から救難用にも重宝した日本のフレアガン

ハワイに流れる〝号龍〟

航空機搭載火器の一つに信号拳銃がある。信号拳銃は搭載機銃のような殺傷兵器として発達してきたものではなく、作戦行動の合図や戦闘発起時の連絡、または夜間での射撃指揮、照明などの行動にも用いられ、そのもっとも有効な手段として使われたのは、太平洋戦争時の海軍航空隊によるハワイ・オアフ島真珠湾攻撃の時である。『海鷲戦記』加藤美希雄著にこの真珠湾攻撃の様子が書かれているので、抜粋して紹介しよう。

先に潜行した日本の潜水艦の偵察により、「敵戦艦八隻、軽巡六隻」の真珠湾に碇泊している情報が入った。空母二隻、重巡一〇隻は出動訓練らしく、場所はマウイ島南方と推定し

たが、航続距離の短い艦載機ではこれを捕捉して攻撃をかけることはむずかしい。

そこで攻撃隊は真珠湾内の艦船攻撃に集中することになった。その時、オアフ島上空に先発した「筑摩」の偵察機から、「戦艦一〇隻、重巡一隻、軽巡一〇隻、碇泊」という重大な報告が入った。続いて、「利根」の偵察機からも「ラハイナ泊地に敵艦隊なし」という報告、米空母は訓練出動中であった。

もはや真珠湾にはまっしぐらに突入するだけだ。淵田中佐は風防をあげ、信号拳銃を一発射ち上げた。轟音と共に信号弾が上空で炸裂、号龍が黒煙を曳いて流れた。

「奇襲展開せよ！」

上空の機が待ちのぞんだ信号であった。

淵田機は指揮官機であるとともに、九七艦攻五〇機による水平爆撃隊の指揮官機だ。同時に「赤城」の艦攻一五機の指揮官機でもあった。水平爆撃隊は「加賀」の橋口少佐指揮の一五機、「蒼龍」の阿部大尉指揮の一〇機、「飛龍」の楠美少佐指揮の一〇機で構成されていた。

この右五〇〇メートルには九九式艦爆による急降下爆撃隊二七機と「瑞鶴」の二七機計五四機であった。そしてその上空には「赤城」の板谷少佐指揮の戦闘機隊四五機が従っていた。

ハワイ攻撃は、奇襲をたてまえとしていた。敵戦闘機は飛び立っていない。奇襲攻撃決行だ！　信号拳銃の号龍は、奇襲展開を示した。二発ならば強襲、信号弾を使用したのは、無線電波秘匿のためである。

　全軍、号龍を認めた。展開がはじまる。各攻撃隊はかねての作戦行動に移り、任務により高度を下げ、分散隊形をとる。第一次攻撃隊一八九機は、すでに真珠湾めがけて突入していった。

●信号拳銃の採用

海外では第一次大戦前から、戦闘や訓練の合図のため信号拳銃が用いられていたが、これがさらに重視されたのは第一次大戦中であり、敵味方とも地上、空中にこの種の信号兵器が大いに使用され、急速に発達した。

第一次大戦が終了し、地上の戦いが一段落すると、信号兵器はかえりみられなくなるが、その一方この兵器の有効性に目をつけて取り入れたのは、艦船連絡と航空通信および救難である。特に飛行機と地上間の通信手段は〝煙火信号〟として用いられ、飛行機内に信号拳銃とその弾薬を装備するのが急速に高まって行く。

　これは軍用ばかりでなく、民間の旅客機にも広がり、この種の信号拳銃は救難連絡用になくてはならぬものとなった。

　我が国に信号拳銃が導入されたのは海軍が先で、大正五〜六（一九一六〜一七）年頃、イギリスのショート・ブラザース社から購入したショート水上偵察機は、水上偵察機、または水上雷撃機というべきもので、武装に魚雷を携行、発動機はサンビーム二二五馬力であった。

このショート機には、機内装備品として一梃の信号拳銃と信号弾を搭載していた。拳銃はイギリスのヴィッカース社製のヴィッカース中折れ式信号拳銃である。

ヴィッカース信号拳銃は中折れ式単発ながら、構造も簡単で操作もあつかいやすく、第一次大戦から第二次大戦間も、航空機や艦船に積まれ連絡や救難にも広く使用されたタイプである。

日本海軍はこのヴィッカース信号拳銃をイギリスと同様に採用し、各艦船や航空機の連絡必需品として装備し、さらに飛行船と地上連絡用としても使用していた。海軍は昭和期に入ってもヴィッカース社から信号拳銃を購入して各艦船や航空機内に装備していたが、第一次上海事変後、この兵器の国産化を計画した。

ヴィッカース拳銃は単発であつかいやすいが、やや重量もあり、他の銃器も国産化に移行していた時期でもあって、陸軍の信号拳銃を製作研究していた萱場製作所にその開発を依頼した。

萱場製作所は陸軍の兵器を研究すると共に上海や満州にも出かけ、中国軍の装備していた兵器の研究なども行なっていた頃でもあり、海軍の信号拳銃を開発することになった。

国産信号拳銃の開発

萱場製作所で研究開発された信号拳銃は各種なものがあったが、海軍に採用されたのは一型、二型、九〇式の三種の信号拳銃である。一型は連装で信号弾二個を撃てるもの、二型は単発式で信号弾一個を発射できるもので、一型には引金および安全装置も各二個ついているが、二型は単発のため一個しかついていない。

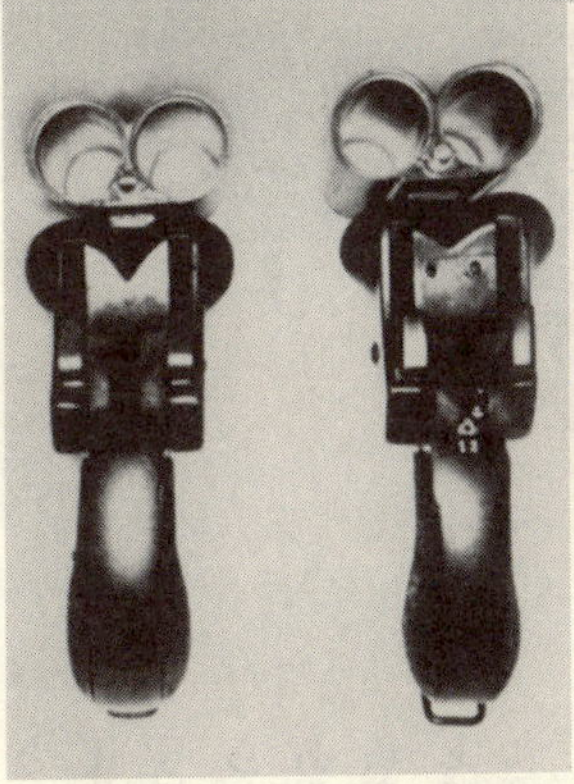

九〇式信号拳銃は銃身が三本あり、引金一個で、銃身には各識別弾をふり分けて発射できる構造をもっている。

当初海軍はこの一型と二型を主に艦船や航空機に装備、連絡・救難用

（上）一型信号拳銃。撃鉄と引金が2つある
（下）一型信号拳銃を開いた状態

(上)二型信号拳銃。(下)九〇式信号拳銃

として使用していたが、連装では引金操作や信号弾の使いわけがわずらわしく、やや重量があるが三連装の信号拳銃を九〇式信号拳銃として制式化した。特に九〇式三連装は一個の引金で、銃身後部の転換装置を切りかえることにより、識号の異なる信号弾を発射できるとして、信号術を学ぶ信号兵の必須科目に指定され、練習生の教育とした。

海軍の信号術教科書には、次のように記されている。

艦船および航空機において昼夜間の信号に用いるものにして、一型、二型、九〇式の信号拳銃があり、信号弾は二種類で火焔および発煙の色合により、赤、白、緑および白龍、黄龍、黒龍の別がある。

一型用信号弾は長さ四七ミリ、口径一五ミリにして、二型用信号弾はこれより少し大きい。信号弾の内部は種々の薬品を充塡し、おのおの赤、白、緑の星火と白、黄、黒の号煙を出すように製作したもので、これを信号拳銃に装塡し引金を引き発火させる。飛揚高度は約六〇メートルである。

萱場製作所では、海軍の意向で当初三連装の九〇式信号拳銃を計画したが、肝心の三連切りかえ装置がなかなかうまくいかなかった。昭和十四（一九三九）年頃に研究し、やっと完成特許出願ができたのは昭和十六（一九四一）年三月であった。

これの特許は「単一撃針による多連装銃身の選択撃発装置」で完成によって海外にも例のない多連装信号拳銃が初めて日本海軍に装備されたのである。

信号弾識別区分は、薬莢外部に星火と同じ色を塗装してあり、夜間暗所でも判別できるよう、薬莢底部に赤は全周、緑は半周、白はなしで塗装され、一型と二型用信号拳銃の弾薬は共用できず、一型用には歯車状の切かけがあるが二型にはなく、薬莢には赤は二本、緑は一本、白はなしとして、一型用と二型用の弾を区別した。もっとも弾の大きさが異なり、一型の信号弾は九〇式拳銃には使えるが二型とは共用ができず、手で確認すればすぐわかる。

海軍では戦闘機、偵察機、雷撃機、爆撃機に装備するほか、火工兵器として、艦橋付近に格納装備、大型戦艦、空母から駆逐艦、掃海艇などにも供給した。艦船では主に救難用に使用、戦争末期では米軍機の攻撃もあってか輸送船の緊急連絡用にも広く使用された。

陸軍の信号拳銃

陸軍の信号拳銃は、初め地上通信の一部として使用された。当初、電信、電話機器が海外から早く導入されたため、信号拳銃はその補助として採用され、海軍ほど重要視されなかった。

しかしヨーロッパでの第一次大戦に地上連絡や指揮合図などに使用されると、その軽便さに目をつけた軍部はこれを野戦兵器に組み入れて多用し、各国でも製作採用されたが、そのほとんどは単発中折れ式で製作費も少なく、ドイツ軍やイギリス、フランス軍が戦場の合図に使用して効果を挙げた。

日本陸軍でも野戦連絡用にこれを使用することになり、萱場製作所に依頼して開発したのが十年式信号拳銃である。十年式拳銃は昭和十（一九三五）年に制式採用となったが、その試作銃は昭和七年頃製作され、一部将校などに配布されていた。

この試作信号拳銃はイギリスのウェブリーなどにヒントを得て製作されていたが、昭和八

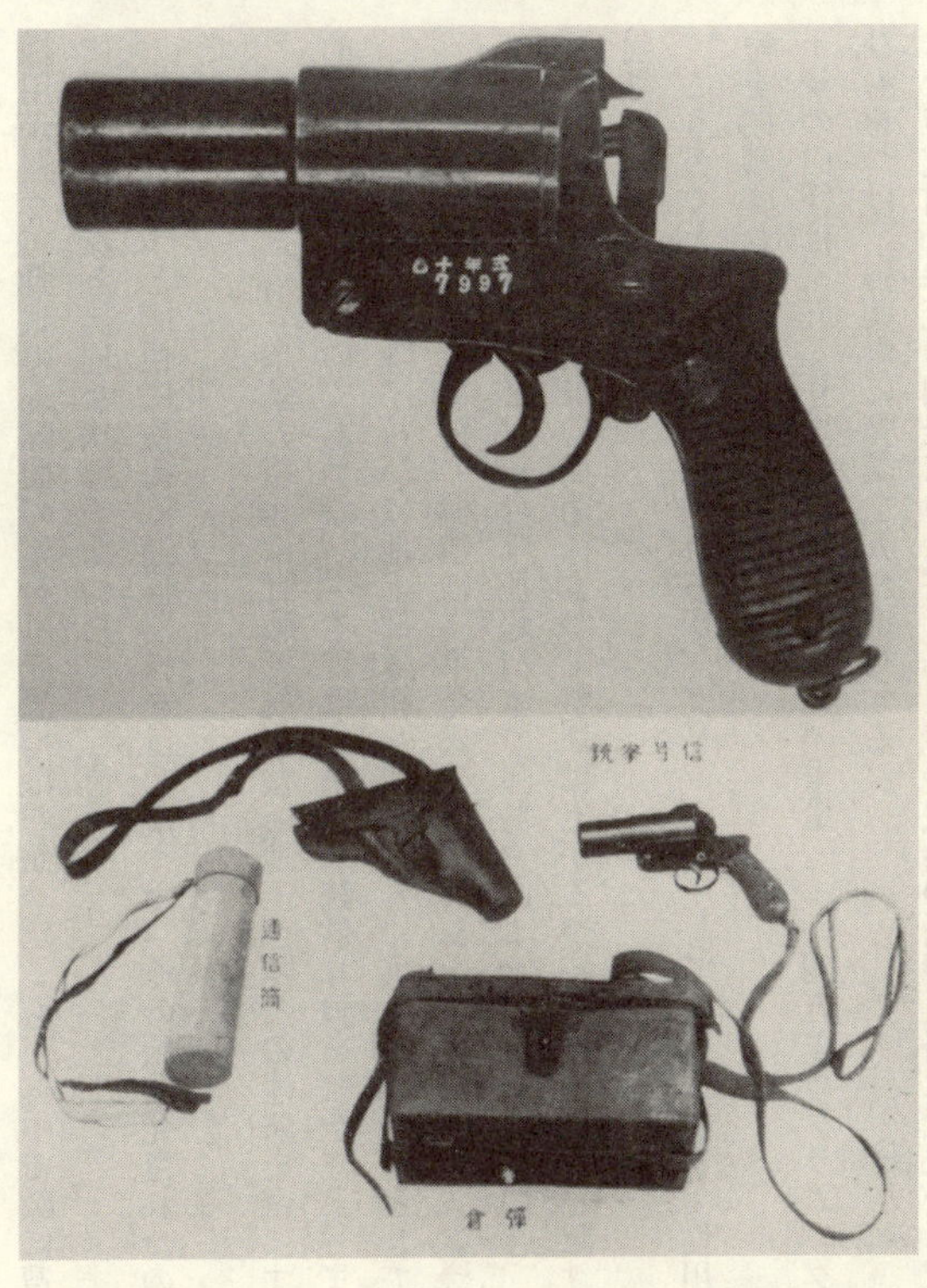

(上)十年式信号拳銃
(下)拳銃、収容嚢、通信筒、弾倉からなる十年式信号拳銃のセット

年に勃発した熱河作戦に投入され、山海関攻略戦に効果を挙げ、さらに熱河作戦時の陸軍自動車隊間の部隊連絡用に簡便な器材として注目を浴びた。

山岳の道なき道を走破し、部隊間に異状があっても他部隊と連絡がとれず、当時野戦電話器などの通信器材はほとんど有線が多く、無線器の採用が遅く、野戦の部隊間の連絡は充分ではなかった。もし途中で敵に遭遇しても味方部隊に緊急連絡など無理な状態であった。

陸軍はもっと簡便に使える通信器材をほしがった。その頃開発されたのが十年式信号拳銃である。

この十年式信号拳銃の用途は野戦で航空機と地上部隊との連絡を密にするもので、その目的は次のようなものであった。「本銃は十年式拳銃信号弾を航空機上、または地上より発射し航空機と地上部隊、並びに地上部隊相互間の信号に供するもの」として制式採用された。

陸軍の十年式信号拳銃の構造は、単発式で中折れシングルアクション機構をもち、グリップの基部を圧下すると、銃身は扛起バネの弾発力によって自動的に開き、この銃身の中に信号弾を装塡する。銃身の開閉によって撃鉄は上がるが、引金を引くと撃鉄は落ち信号弾が発射される。

こう書くとやや面倒と思われるが、グリップを圧して薬室を開き、使用弾を一発こめて薬室を閉鎖すれば直ちに使用可能となる。

銃の口径は三五ミリ、滑腔銃身で、銃の重量一・一四五キログラム、グリップ下部にかけひもをつけ、弾薬嚢に弾薬を入れ携行する。

十年式信号拳銃の開発により、それまでの戦場の指揮連絡は楽になり、中国戦線に出動した偵察将校に配布したほか、航空部隊の偵察機や戦闘機、爆撃機内に装備するよう義務付けられた。

　また騎兵の捜索部隊にも装備し、騎兵が携帯する信号弾入れの弾薬嚢も作られ、これには六発の信号弾が入れられ、騎兵の腰につけて楽に行動可能となった。信号拳銃が騎兵装備となってからは、捜索連隊として戦車隊となったため、そのまま戦車内にも十年式信号拳銃は信号弾と共に装備され、戦車の展開や指揮などにも大いに使用された。

　このことはマレー進攻作戦にも利用され、シンガポールを目指す捜索連隊の夜間作戦にも使用されている。

　また航空機に搭載した信号拳銃はノモンハンの戦闘にも利用され、万一広大な草原に不時着した味方機からの連絡で、僚機がその場に着陸し、操縦士を救出するなど、当時の戦記には、敵地での救出が書かれている。

　十年式拳銃信号弾には、龍、吊星、流星の三種があり、龍は黄と黒煙である。発射すると曳火により濃厚な黄煙または黒煙を発生し吊傘（パラシュート）によって空中を浮遊する。煙は約一五秒、認識距離は五〇〇メートル以上で目視できる。

　吊星は赤、白、緑で光輝を発光し、これも空中に浮遊し、昼は五五〇メートル、夜はそれ以上の距離で確認することが可能。

　また流星は白の星光、赤の星光、緑の星光の三種で、昼夜兼用、曳光により一個か三個の流星が出て、これはあたかも流星のように流れ、光は約八秒、昼は六〇〇メートル以上、夜間は八〇〇メートルでも確認することができる。

このうち龍と吊星は航空機対地上用、流星は航空機の専用で、いずれも射撃指揮または救難用に多方面で使用された。

御召装甲輸送車

●本土決戦時の松代大本営への移動に開発された略式戦車

本格化する本土決戦

太平洋戦争が激化した昭和十九（一九四四）年七月、日本の防衛線のかなめであったサイパン島が陥落し、守備隊が玉砕した。

サイパン陥落以前は、日本本土の防衛（主として防空）体制の強化がはかられることはあったが、まだ本土での大規模な地上戦を行なおうとする構想はなかった。

それより先の同年五月に、大本営陸軍部は「皇土の防衛を強化す」と本土防衛の意図を発表した。これは主として米軍による本土空襲を阻止することを目指したものであった。

しかし、七月末にサイパン島が米軍の手に落ちると、大本営はついに本土でも地上戦を行なうことを想定せざるを得なくなってきた。

七月二十日、梅津美治郎参謀総長は、防衛総司令官に「本土沿岸築実施要綱」を命令し、米軍の上陸に備えて、十九年十月末までに、太平洋沿岸にある予想上陸地点の防衛を行なうことを決定した。

昭和十九年なかば、中国にいた米軍のB29爆撃機による北九州の空襲が開始されて、各工場地帯が爆撃を受け、さらに本土攻撃も予想された。

このように米軍機による空襲が激しくなってくると、皇居および大本営も危機にさらされることになる。そこで大本営の移転と、天皇陛下の御動座を意味する重要な問題が検討され、その地を調査する〝極秘命令〟が出された。

これまで例のない大本営の移転というだけに、その条件はつぎのように厳しいものであった。

一、信州に大本営を移すことは、ここも空襲に備えなければならない。軍事施設は敵に攻撃されぬよう地下に設置し、天皇の御動座を考慮し、空襲から防御するためには地下に宮殿を備える必要があり、それを考えると岩盤の固さが必要となる。

二、空襲により敵が狙うのは鉄道と通信施設で、大本営は全国軍の作戦を指導し、鉄道および通信施設が攻撃、分断された場合は、かわって飛行機による作戦を指揮する事態となる。そのため付近に飛行場の用地を確保しなければならない。

三、本土の空襲はもはや緊急であり、そのため資材の供給、輸送、工事を円滑に行なう必要があり、工事に時間を費やすことは許されない。

四、天皇の御動座を願うだけに、周囲の環境にも考慮を払う必要がある。
以上の要件をもとに、長野県をくまなく歩いて目に入ったのは松代町の南西にそびえる象山（ぞうざん）であった。松代城を中心として栄えた真田十万石の城下町である。

そこに立って松代盆地を眺めたとき、まず目に入ったのは象山、さらに東に連なる白鳥山であった。五万分の一の地図を出して現場の山容と見くらべた一行は「これぞ理想的な大本営だ」となったという。

こうして松代の象山に大本営と政府機関および行宮（あんぐう）（天皇の仮住まい）が東條内閣の閣議で決定され、松代大本営の建設はただちにはじめられた。

松代に天皇が移ることになると、御動座の車は何が使われるか。もちろん宮廷列車を編成することになろう。だがもし列車が動かなくなった場合はどうなるか。

これらを想定して陸軍は秘かに御動座用の車両の準備を進めていた。「特別装甲運搬車」である。

虎ノ門事件の衝撃

さて、天皇の特別車を製作しようと考えたのは皇太子時代の狙撃事件にその端を発している。

事件が発生したのは大正十二（一九二三）年の十二月二十七日、当時摂政であった皇太子殿下（後の昭和天皇）が帝国議会にのぞまれるために、お召し車で御所を出発、虎ノ門付近に差しかかったところ、突然、警戒線を突破した一凶漢がお召し車のそばに進み、ステッキ銃で摂政を狙撃したのである。

公式の場合は馬車で五〇名ほどの近衛騎兵に守られるが、自動車での略式鹵簿では大した護衛の必要も感じていなかった。

お召し車はイギリス・デムラー社に発注購入したデムラースペシャル貴賓第一号、車体は暗赤色のインペリアル・レッド、ルーム上方はクローズ・アップに塗り分けられた新車である。

お召し車の警備は前方に警視庁のオートバイが二両、後は宮内省の車、お召し車と続いて、通常供奉する近衛騎兵はなく、後部も警察官のオートバイがつく編成だった。

車は溜息から虎ノ門をゆっくり曲がろうとした時、群集の中から茶色のレインコートを着た男が飛び出し、かくし持っていたステッキ銃（中に銃が仕込まれているもの）を車に向けて発砲した。

弾はお召し車の右側ガラスを射ち抜き摂政と入江侍従長の間を抜けて天井にあたった。

犯人は難波大助、時の大逆事件や左翼的な意見に共鳴しての犯行だった。

犯人はただちに逮捕されたが、未来の天皇が車窓から狙撃という間一髪の危機にさらされ

デムラー社製のお召し車

たことは、未曾有の事件とされ、皇室の警備をより厳重にするきっかけとなった。

　虎ノ門のステッキ銃狙撃事件後、これらのテロに対する供奉編成や御料車の防御を陸軍や宮内省、警察でも再検討された。

　宮内大臣より御料車に対し防弾設備、とくに防弾ガラスの取りつけを摂政に申し上げたところ、これらの車に防弾設備は不要であるとのお言葉であった。

　しかし、陸軍と宮内省ではテロ防止の面から車に防弾装備を施す以外にないとして、アメリカからピアス・アロー・リムジン車を購入した。

　また日本では防弾鋼が作られていなかったため、これを求めてアメリカの会社へ行ったが、皇太子の防弾に使うことは極秘事項であったため、いぶかる米国の会社から無理に買い求めて帰った。これを基にピアス・アローに陸軍の大阪工廠で防弾設備を施し、陸軍の将校による拳銃による射撃試験や各種の防護面が研

ピアス・アロー車(上)とベンツによる行幸の様子

究された。

こうして皇太子用の装甲お召し車が完成したが、おかげで車両重量が極度に重くなり、通常の車より速度がおそくなってしまった。

この事件の前年に、イギリスから二両のロールス・ロイス・シルバーゴーストのリムジンを購入していたが、これも虎ノ門事件をきっかけに防弾設備が施され、供奉に用いられるようになった。その後、お召し車がメルセデス・ベンツに採用された時も、ベンツ社に対し防護面を重視するように指示されたという。

防弾装備を施したピアス・アローは、昭和の初めから五年頃まで、陸軍大演習などの行幸にも使用されている。

極秘の設計と開発

昭和二十年に入って、松代大本営の建設も進み、また米軍による沖縄本島への上陸と緊迫感が増してくると、本土決戦を呼ぶ声もしだいに大きくなってきた。

近衛師団では、近衛騎兵連隊（東部第四部隊）の中に略式戦車鹵簿中隊を編成することになった。

この中隊は陛下の退避用㋵車部隊として編成され、供奉は六両の㋵車を中心にその前後を配属した一三両の九五式軽戦車で守護しながら、東京から信州の松代大本営に移動を行なうのが主任務であった。

車両は天皇を護るというところから記号に㋵車と略称されたもので、正式名は「略式戦車」とも呼んでいた。

通常陛下の供奉行列には、㈠正式馬車、㈡略式自動車であったが、ここに略式戦車鹵簿中隊が編成され、その中に㋵車班が含まれていたのである。

㋵車は、陸軍第四研究所で秘密裡に設計され、昭和十九年九月、日野重工業に製作の極秘命令が出された。

当時日野重工業は、陸軍兵器行政本部下の相模陸軍造兵廠の軍需会社に指定され、おもに戦車や軍用車両を製作していた。日野重工業では、車の使用目的を洩らすことを固く禁じており、命令どおり製作したという。

㋙車は二台完成しており、当時製作にかかわった家本氏（社員）の記録にはつぎのように書かれている。

「車内にベッド（陛下用）と二個のソファー（お附き用）を置き、うしろに護衛兵二名を置けるようにした。換気装置をつけるとともに鋼板二五ミリをもって装備したといわれ、㋙車は当時の日野重工の主力製品であった兵員輸送用半装軌車（一〇〇式空冷ディーゼルエンジン搭載）の車台に二五ミリ防弾鋼板の車体を乗せ、内部にベッドとソファーをおけるようにしたという」（日野重工業の「設立㋙極秘命令」より）

㋙車は全長七メートルあまり、全幅二メートルほどで、時速六〇キロ、車体は特殊装甲板の二重隔壁で、小銃や機銃弾をはねかえしてしまう性能をそなえていたとされている。

また車の足まわりは一式半装軌装甲兵車のものでなく、九五式軽戦車の足まわりとよく似た形式のものを取り入れた半装軌車で、操縦席も装甲化され、視察にはスリットの入ったもの、出入口のドアも装甲でおおわれている。前部はやや傾斜したボンネット型となっている。

操縦は二重操作といってハンドルと操向レバーを持っており、通常の走行はハンドルをもちい、急カーブや坂道ではレバー運転にしていた。さらに狭い道路では、急に方向転換しようとする場合にはハンドルと操向レバーを併用し、急な坂道も三分の一の角度で登ることも可能であった。

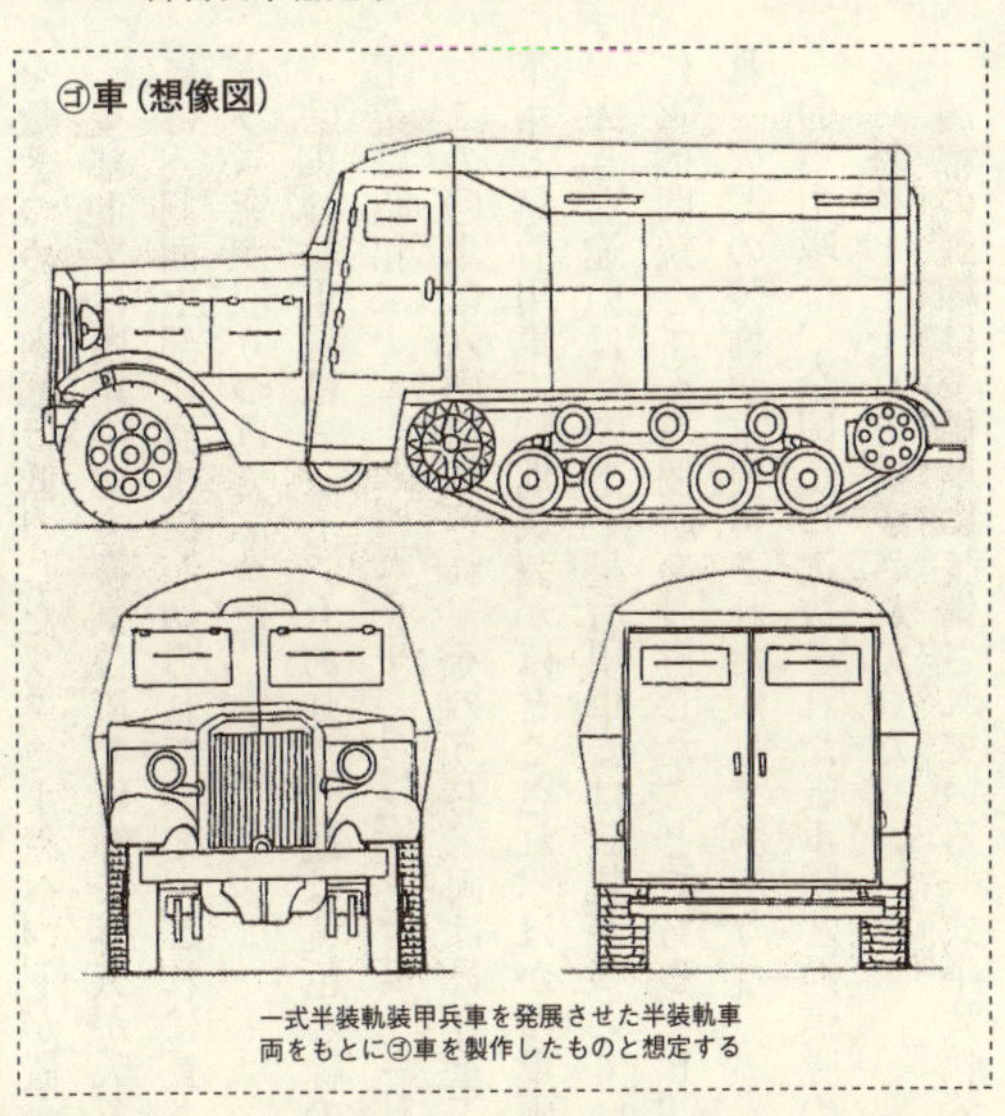

㋙車（想像図）

一式半装軌装甲兵車を発展させた半装軌車両をもとに㋙車を製作したものと想定する

㋙車は火器類は備えられておらず、操縦席には無線機が設置され、外部と通信できるが、内部は伝声管によって連絡するようになっていた。

㋙車の構造は、内部側面は白一色に塗られ、西陣織りの布がすだれ状にかかり、これがベールとなって内部を包み、品位を保つようになっている。陛下が座乗される室の天井には三〇センチ大のシャンデリア型電球一個と二個の弱い電球がつき、他に二個の通風孔も設置されていた。

操縦席との間は二〇ミリほどの装甲板で区切られ、下には赤いジュウタンを敷きつめ、内部は低くしたソファーやベッドが置かれている。

後部ドアは閉鎖中でも換気装置で新鮮な外気が入るようになっており、室内から外を見るには、側面上部に展視口が切られていて、これに長さ一五センチ、厚さ二〇ミリほどの防弾ガラス窓が取りつけてあった。

㋙車の総重量は一三トンもあり、外観は黄色と緑のペンキで迷彩塗装されていた。日野重工業は昭和二十（一九四五）年二月に完成させ、これを陸軍に納入した。

この㋙車は六両用意され、そのうち二両は日野重工業で製作されたものと考えられる。陛下用と皇后用車で特別艤装がほどこされ、ほかの車両は他社で作られたものであろう。大きな違いは、陛下・皇后用車には武装がついていなかったが、他の車には対空・対地用に重機関銃をすえる個所を設置したことである。B29による東京への爆撃が激しくなるにつれ、火器の装備が重要視されたからであろう。

㋙車中隊は、全国から選抜された戦車隊と通信隊の優秀兵ばかりで編成され、総員二十三名、将校と下士官で構成されていた。

通常の訓練は予備車に装備されている一式半装軌装甲兵車を使って行なわれ、訓練地は東京を離れるわけにいかず、甲州街道や代々木原での操縦訓練が主だったという。また、東京から松代へ向かう場合や、敵がパラシュート降下で攻撃、囲まれた時の最悪の事態を想定した訓練が、連夜のごとく繰り返された。

㋙車のレイアウトの基になったという
日野重工業製作の一式半装軌装甲兵車

この㋙車の内一両は日光にいる皇太子用にもあてられていた。日光は敵機の攻撃こそなかったが、約六〇キロ離れた群馬県の中島飛行機の工場が再三爆撃され、日光もいつ攻撃目標になるかわからない状況下にあったため、皇太子用車両は八月には日光へ配置される予定であったといわれる。

昭和二十年五月二十五日、米軍の焼夷弾が宮城に落下し、皇居の一部が炎上するという事態がおきた。翌二十六日にはB29の大編隊が帝都上空をかけめぐり、鹵簿中隊も炎上の厄にあった。

㋙車は空襲をさけるために戸山原にいたが、今後の急襲に備えて疎開準備もはじめられていた。

㋙車に対しては近衛師団の上層部も神経をとがらせ、「㋙車は大切な車だ」として疎開地を選定した。これには三ヵ所の案があったが、世田谷の成城学園付近の山林地帯が適当ときまった。

まず付近の山林に壕を築造し、この中に㋙車を入れることになり、戦車中隊も動員されて数日間で完成する計画で工事が進められた。退避壕は早急に四車分を完成する予定であったが、B29のほか艦載機なども飛来して地上攻撃を行なっていたため、作業は難行した。

第二案の江戸川公園にも壕の工事を行なったが、付近は焼土と化したためそこをやめ、結局芝の愛宕山トンネルを利用することとなって土嚢を積み上げて爆風よけとした。

㋵車は江戸川に二両、芝に四両を分けて警護にあたってきたが、昭和二十年の八月十五日をもって終戦を迎え、㋵車部隊も武装解除となり、天皇を乗せるべくして秘かに開発された㋵車も、ついに日の目をみることはなかったのである。

野戦衛生兵装具

●戦友愛を武器に最前線を疾駆した衛生兵のツールとは

士気の源泉、衛生隊

〝歓呼の声に送られて勝たずば生きて還らじ〟と誓い、母国をあとに勇躍征途に上らんとする将兵の胸底にあるのは、「弾丸で死すとも病いで死にたくない」という思いであったろう。将兵をして、病を予防し、非衛生的な環境の戦場において体力・気力を維持させ、思うぞんぶん活躍させることこそ、陸軍衛生部隊の使命である。

戦車や航空部隊、第一線に行動する歩兵部隊の影にあって、「命と頼むは衛生隊」といわれた衛生兵の活躍にスポットをあててみたい。

戦場における衛生隊は、本部と担架隊、車両隊の三つよりなり、遠く野戦病院の前方に進出し、火線において負傷者を初期治療して、速やかに後方に輸送する役目を持つ収療機関である。担架隊は戦線から負傷者を包帯所に収容し、ここで初期治療をほどこして、車両隊に

（上）負傷兵を担架で担送する衛生兵。（下）負傷兵を収容、介護して後送する衛生兵。小銃を携行しているが、負傷兵の装備・装具であり、本来、衛生兵は武装していない

よって後方の野戦病院に後送するのである。

包帯所は、衛生隊に属する衛生隊員が、一地区に展開して開設する。戦闘が始まって負傷者の多発が予想される場合には、この担架隊がまず自己の装具・兵器を包帯所の位置におき、負傷者の収容に出かけ、一方の衛生兵はその間に「包帯所」を開設して、担架隊が収容した負傷者に対して、軽・重適宜の処置をほどこし、その後、車両部隊によって野戦病院に後送する。

野戦における包帯所の位置は、治療上の要求と当面の戦術、地形判断を考え、適切な調和を得てはじめて決定されるものであり、おおむね担架隊と車両隊との中間に位置させ、戦闘部隊とその進退を同じくする。

このように、担架隊が戦線で負傷者を収容し、包帯所に後送するのを「前方勤務」といい、包帯所より野戦病院に後送するのを「後方勤務」といっていた。

衛生隊の人員・材料は、分割して共に独立できるような編成になっているが、その中、小行李には包帯所開設に必要な衛生材料、または天幕類を携行し、大行李には患者用の糧食や、患者用被服、戦用天幕、炊具類を携行し、患者の治療看護に必要な材料は一式整備していた。

担架の変遷

戦線の負傷者は、担架兵によって収容されるが、これに使用する担架には年代によって

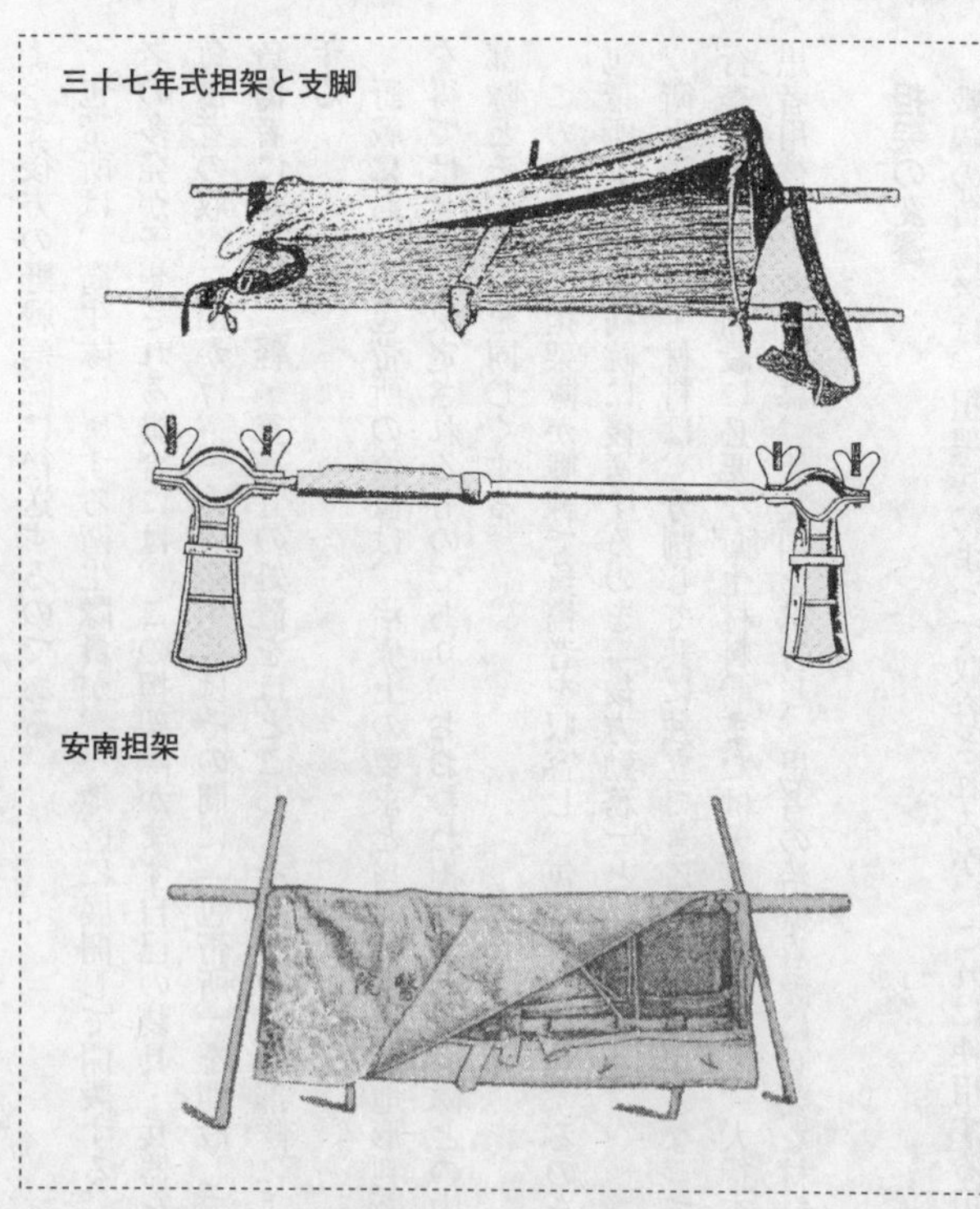
三十七年式担架と支脚

安南担架

色々なものがあり、戦場で応急的に組み合わせた担架も使用された。

陸軍で使用された担架は、明治三十五年に制式となった三十五年式担架で、これはフランス陸軍の担架を参考に作られ、主にキャンバス地に竹棹を組み合わせたものだった。次に三十七年には これの下に金属製の支脚をつけて地面にじかに接しない造りとなった。

これは三十七式担架支脚として制式化された。

三十五式担架は日露戦争で使用されたが、三十七式支脚はその時の体験から改良されたものである。また日露戦争では「安南式担架」も後方で使用された。この担架は主に東南アジア地方のアイデアを基に作られたもので、キャンバス布で全体をおおい、負傷者を防寒した。構造は比較的簡単ながら、堅牢で支脚を有し、また折りたたみ式で肩にかつぐこともできた。

次に明治四十三年に「四十三年式担架」が制式となった。これは改正陸軍式担架と呼ばれ、従来の竹棹を木桿とし、支脚を弓状の金属にかえた折りたたみ式担架であった。これに頭上の所に日おおいをつけ、患者をのせたまま列車、または患者車にのせることもできた。さらに普通搬送と肩かけも兼ねた軽量型で、これがのちのちまで使用された陸軍担架の基本となった。

そのほかにも、フランス陸軍式担架を日本赤十字社が改良した改良仏式担架もあった。これはキャンバス地をひもで結びこみ、支脚を利用して頭上を上げたように作られ、上部に防水の日おおいをつけたもので、これも野外用に利用された。

日露戦争時は、比較的簡単な担架であったが、第一次大戦後からは各国の影響を受けて担架やその運搬方法も研究され、さらに日華事変になって、衛生兵が軽度に負傷した兵士を運ぶ「塹壕担架」も登場した。これは背負子や担布を利用した運搬方法であり、早くから戦場などでは使用されてはいたが、塹壕担架として正式に採用されたのである。

四十三年式担架

改正陸軍式担架と支脚

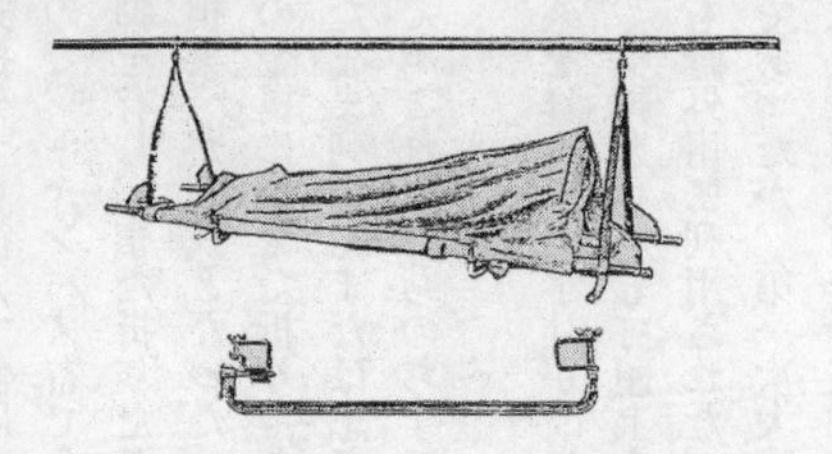

四十三年式担架とその日覆を除いた状態

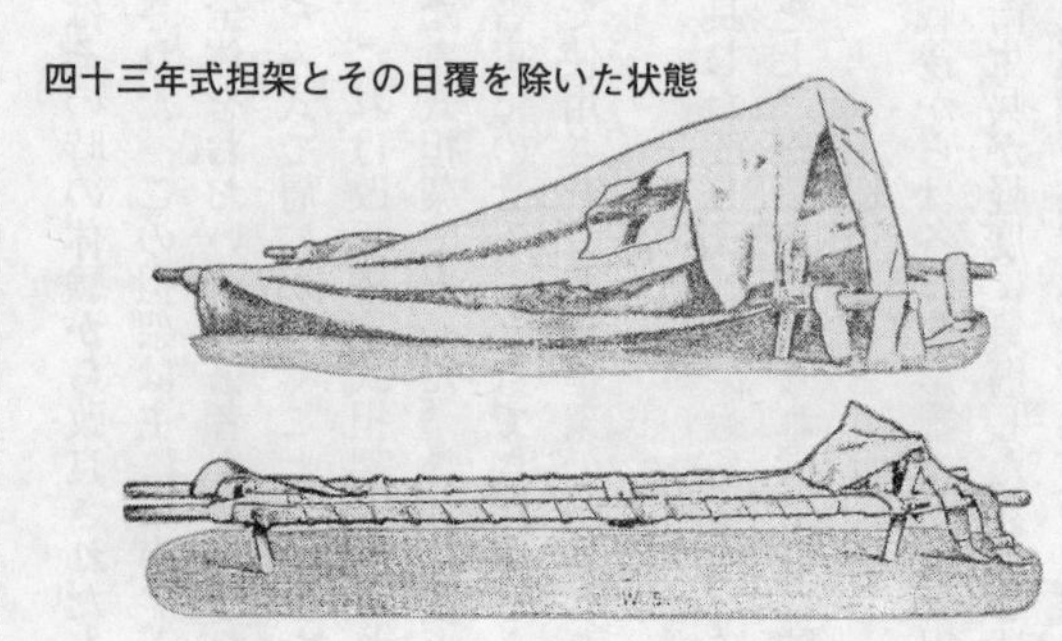

そのほかに、急造担架というものがあり、これは主に戦場での資材を利用した応用担架で、麻ナワあるいはワラナワを中に張ったもの、携帯天幕を利用したもの、または軍服の上衣を三着利用して竹棹などに通して展張したものなど、いくつかの形式が作られ、実際に各地の戦場で使用された。

患者輸送車の採用

明治三十七年〜三十八年の日露戦争では、患者の後送にてまどっていたが、現地で人力車を利用して病院などに運んで意外と効果的であったため、陸軍はこの戦訓を参考に人力車をベースとした患者輸送車を作り出した。

きずついた患者を運搬するには、特に戦場の悪路などに最大の配慮をしなければならず、車体バネや座席、かじ棒の長短にも研究がこらされた。その結果、車体を軽量化して堅牢に作り、一般患者の長距離輸送用として採用することになった。この陸軍式輸送車は車台を鉄製の骨組みとし、車輪は木製、全体を褐色エナメルに塗り、防水布製の日おおい付きとした。

実際に後方輸送用に使ってみると、人力車特有の軽快さと、ほど良くバネがきいて患者の不快感は少なく意外と好評であった。

陸軍はこれの利便さにおどろくと共に、さらに研究を進め、車体に担架をそのまま搭載できるよう改良をほどこし、車体は骨組みだけで、担架は取りはずしてそのまま通常の担架と

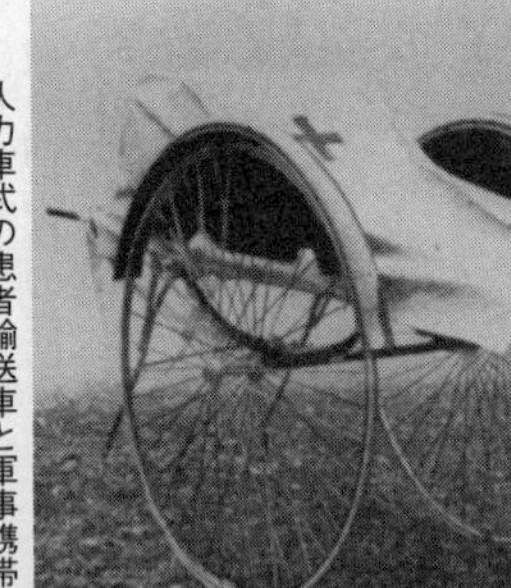
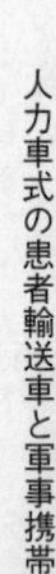

人力車式の患者輸送車と軍事携帯嚢

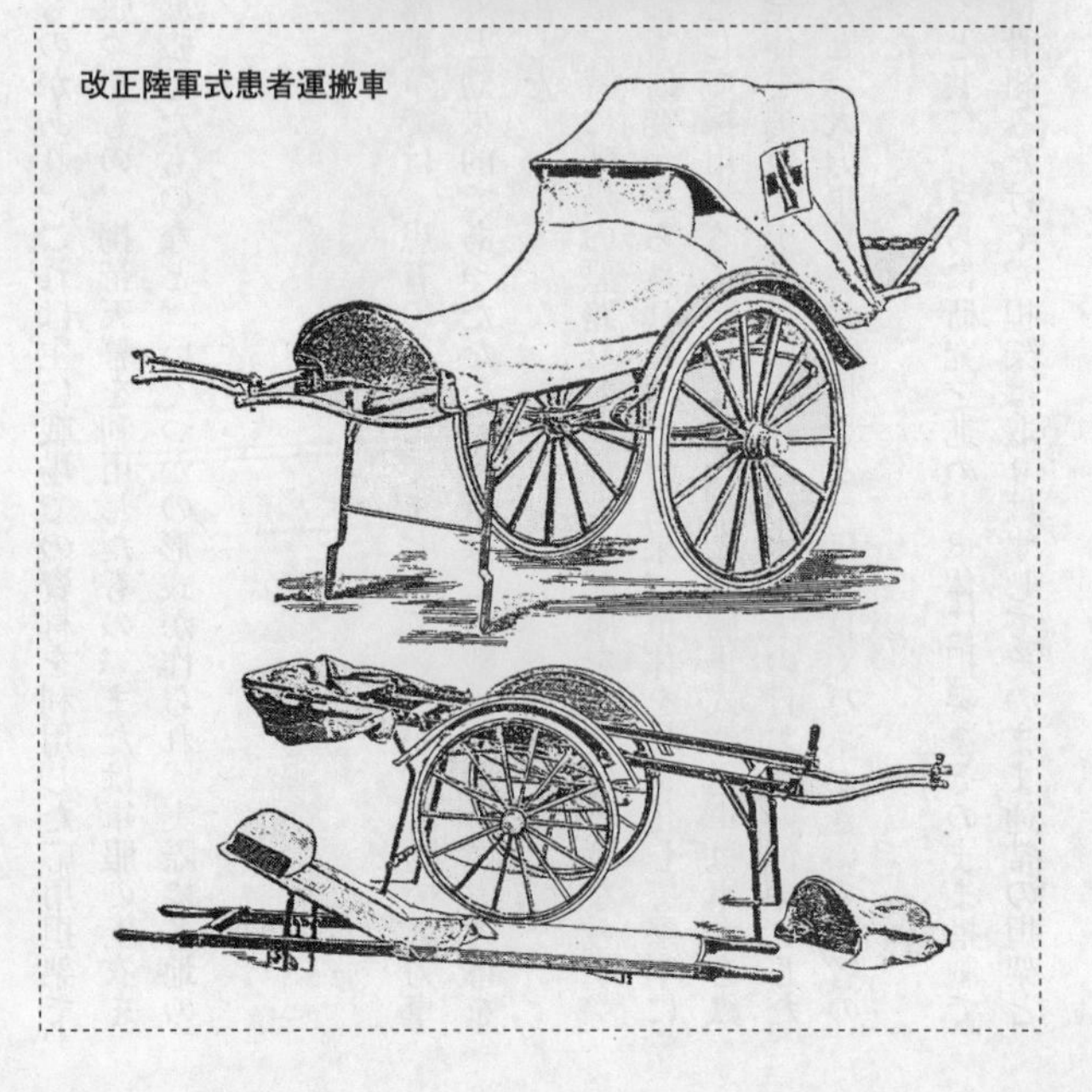

改正陸軍式患者運搬車

馬車タイプの患者輸送車

しても使用する、改正陸軍式輸送車を開発した。
この人力車的な患者輸送車は、陸軍の制式患者車として、大正期から昭和期のなかばまで陸軍の衛戍病院などで使用されていたが、製作に経費がかかりすぎること、患者を一人しか運べず、また車夫も必要なことから、患者車として自動車が普及してくると、しだいに二輪の患者車は使われなくなった。

湿地用患者輸送具

陸軍は昭和十二年の日華事変をきっかけに大陸に兵を進めたが、湿地帯の作戦には困難を感じていた。特にソ連国境の松花江やウスリー河地域は大沼沢地帯であり、それも深浅多様な湿地帯を形勢し、地質は粘土質でいたる所泥濘で、歩行が困難であり、作戦を展開した場合には大きな障害となる。
衛生部隊としては、湿地作戦時における患者収容に考慮し、現用の担架ではその行動はいちじるしく制限され、中湿地以上ではまったく用をなさずとの意見から、湿地作戦用の特種

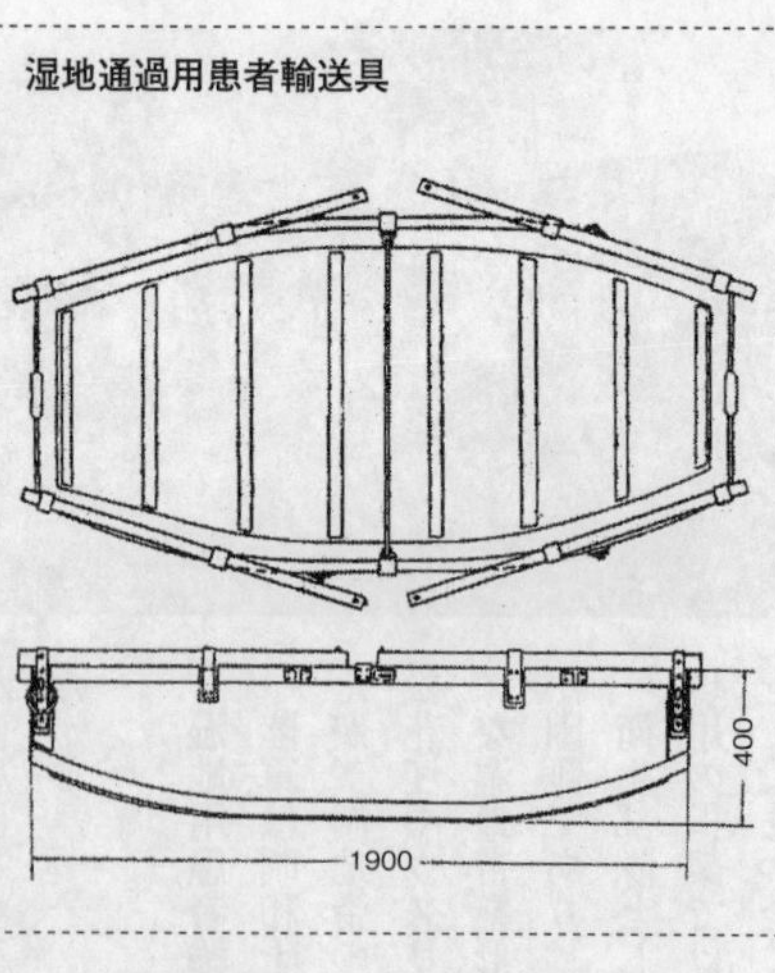

湿地通過用患者輸送具

患者輸送具の必要性を痛感した。

昭和十四年五月、東安において小舟を利用した担架舟を作り、湿地通過演習時に使用したところ、負傷者と兵器装具を収容した場合は過重となって操作困難をともなうことがわかった。

このため、軽量・小型な小舟が作られた。特軽資材として、ベニヤ板を加工し、折りたたみ部分はゴム布を用い、底部に鉄板をつけ、重量二五キロと三二キロの二種類を試作した。

積載車両との関係や重湿地帯、沼沢地においては舟艇として使用できるようにするため、櫂の移動式装着、折りたたみ止具、牽引具に強度を加え、これを兵団の湿地通過演習時、衛生隊担架中隊において実戦的に使用した結果、おおむね所望の成果を上げた。

これの研究目的は、湿地作戦において既成担架にかえて使用し、患者の創傷の汚染を防止し、早期に湿地を通過できる軽便な特種患者輸送具を得んとするにある。そのため輸送具は次の条件を満たすものとした。

一、携行、運搬、組立操作簡便なもの
二、湿地と乾燥地との錯雑地帯においても使用可能なもの
三、重湿地帯においても舟艇として使用可能なもの
四、負傷者を最小限二名収容できるもの
五、浮力大にして軽障害物はこれを突破し得る機能を有するもの

これらの条件を基に第二回の試作では、五種類の折りたたみ式担架舟を作製した。そして湿地通過演習に実戦的に使用したところ、これら五種のうち二号型がもっとも理想的な所望の条件を満たしたため、これの不備を改良して使用することになった。

採用された二号型折りたたみ式担架舟は、重量二五キロ、折りたたみ式、組み立て操作軽便にして、患者車、輜重車両いずれにも容易に多数積載し、また携行・運搬が容易であった。湿地と乾燥地との錯雑地、重湿地帯では舟艇としても使用可能で、負傷者を二名までは担架として、舟艇としての使用時は最大限五名を収容できた。

担架舟の浮力は六〇二・五二キロで、底部は鉄板を用い、軽度な障害物も突破通過することができ、衛生部隊の湿地通過用兵器として時には中国戦線のクリーク渡河にも使用された。

包帯所の役割

衛生部隊の包帯所は任務上、収容、治療、後送の三要素があり、作戦の情況、勤務の多寡、

地形地物の状況、予知できる負傷者の数、収容後送の難易、季節などの条件を加味して開設される。

日露戦争時は赤十字旗や国旗を立てて標識とし、夜間は赤色燈をあげてその所在と中立を表明したが、中国戦線や太平洋戦線では、かえって敵襲を受けることが多く、むしろその位置をかくすため擬装して開設した。

包帯所の所内区分は、収容部、治療部、薬剤部、発送部の四部門よりなり、まず収容部では、担架兵によって後送された患者の傷票（負傷者のボタン穴につけた荷札型の紙）とそれに記入された傷名を確認した上、治療部に回す。

治療部に回された患者は、ある者は手術台にのせられて手術を受け、ある者は包帯交換を受け、出血がはなはだしく止血帯のほどこされている者などには、赤の標識がつけられて、機を逸せず完全な止血法をほどこすなど、応急の場合、衛生兵の活動はまったく目が回るほどいそがしい。

収容に要する時間、つまり第一線の将兵が戦場で傷ついて、包帯所に収容されるまでの時間がどのくらいかかるかというと、日露戦争の旅順戦や奉天戦では、負傷者の八割がだいたい六時間以内に収容されたのに対し、日中戦争ではそれをずっと短縮することができたという。

徐州会戦時「先進衛生隊」が編成され、軍陣衛生上画期的な好成績を収めた例もある。こ

中国戦線における衛生兵と担架

看護長用医療嚢と内組品

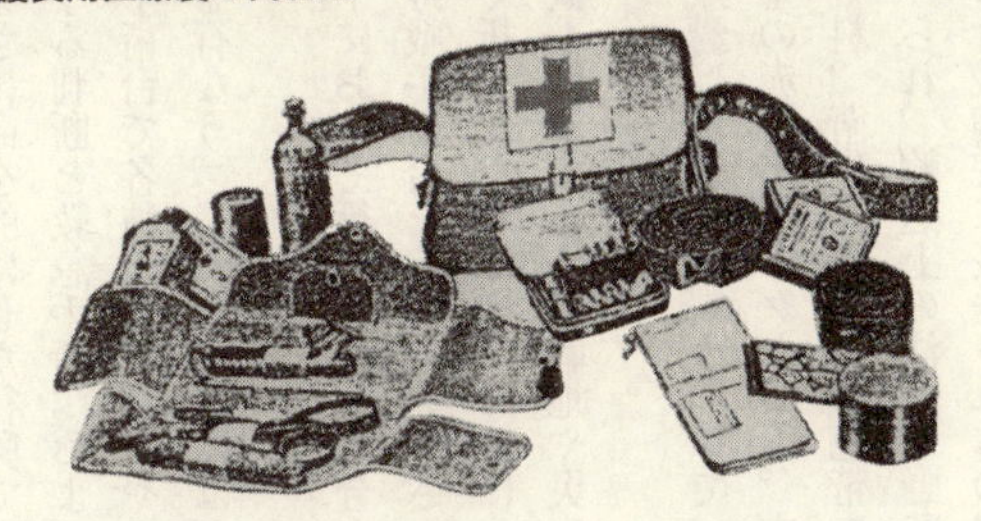

衛生兵用包帯嚢と内組品

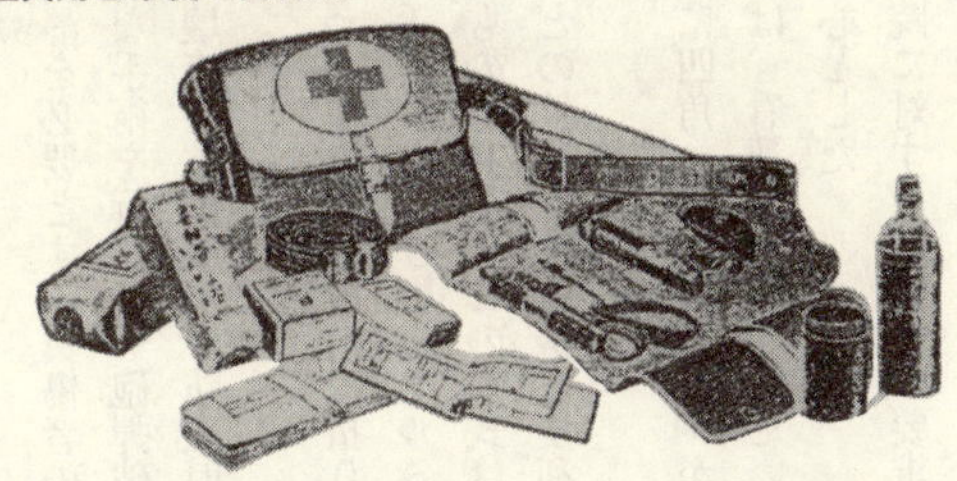

の先進衛生隊は、軍医以下が救急衛生材料を背負嚢に入れて、みずから火線に飛びこんで負傷者の救急処置を行なったことなどまさに命を的にした行動であった。

次の治療部の業務は、初療の迅速なる判断と救急手術、および安静を必要とする負傷者の看護の三つにある。重症者の場合は手術台で各種の止血処置や必要な手術を行ない、砲弾破片や小銃弾の摘出、包帯の交換などを行なう。これの患者にはガス壊疽や破傷風の予防注射もする。

このような作業は、しばしば敵弾下において行なわれる場合があった。野戦手術台は折りたたみ式の形状で、フランス陸軍の野戦手術台を参考に製作され、手術台および脚はアルミを素材に、台は二つ折り、支脚も短く折りたたんで携行を便にしたものである。この形式は容積を少なく、軽量で組み立て、設置も簡単であり、戦地や災害などの救護には非常に便利であった。

また、衛生部隊の看護長のもつ医療嚢は革製か布製カバンで、表に四角い赤十字マークがつき、衛生兵の持つ包帯嚢には楕円型の赤十字マークがつく。内容は、看護長のものはだいたいの応急処置ができるような医療材料、衛生兵のものは包帯を中心とした。

治療がすむと今度は輸送区分に分けられ、輸送上の注意や野戦病院に対する治療上の要求など必要な事項を記入した傷票と共に野戦病院に後送されるのである。

NF文庫

日本陸軍の秘められた兵器

二〇一七年四月十七日　印刷
二〇一七年四月二十三日　発行
著　者　高橋　昇
発行者　高城直一
発行所　株式会社潮書房光人社
〒102-0073　東京都千代田区九段北一-九-十一
振替／〇〇一七〇-六-五四六九三
電話／〇三-三二六五-一八六四(代)
印刷所　慶昌堂印刷株式会社
製本所　東　京　美　術　紙　工
定価はカバーに表示してあります
乱丁・落丁のものはお取りかえ
致します。本文は中性紙を使用
ISBN978-4-7698-3001-6　C0195
http://www.kojinsha.co.jp

NF文庫

刊行のことば

第二次世界大戦の戦火が熄んで五〇年――その間、小社は夥しい数の戦争の記録を渉猟し、発掘し、常に公正なる立場を貫いて書誌とし、大方の絶讃を博して今日に及ぶが、その源は、散華された世代への熱き思い入れであり、同時に、その記録を誌して平和の礎とし、後世に伝えんとするにある。

小社の出版物は、戦記、伝記、文学、エッセイ、写真集、その他、すでに一、〇〇〇点を越え、加えて戦後五〇年になんなんとするを契機として、「光人社NF（ノンフィクション）文庫」を創刊して、読者諸賢の熱烈要望におこたえする次第である。人生のバイブルとして、心弱きときの活性の糧として、散華の世代からの感動の肉声に、あなたもぜひ、耳を傾けて下さい。